SGLT2与糖尿病肾病

主 编 杨俊伟

科 学 出 版 社
北 京

内 容 简 介

SGLT（钠-葡萄糖共转运体）蛋白在肾小管重吸收葡萄糖的生理特性和SGLT抑制剂根皮苷的发现，共同奠定了具有划时代意义的新型降糖药物SGLT2抑制剂的开发和应用。本书综合国内外最新研究成果，在介绍SGLT的发现历程及肾脏重吸收葡萄糖的生物学基础上，系统阐述了SGLT2抑制剂在调节肾功能、血压和代谢中的作用，并总结既往临床试验中SGLT2抑制剂的降糖疗效和心肾获益，解析可能的保护机制。本书内容精练、翔实，有助于从事相关基础和临床工作的医师和研究人员深入理解和掌握SGLT2基本的病理生理学及其在肾脏疾病中的意义。

图书在版编目（CIP）数据

SGLT2 与糖尿病肾病 / 杨俊伟主编 . —北京：科学出版社，2021.11
ISBN 978-7-03-070196-1

Ⅰ . ① S… Ⅱ . ① 杨… Ⅲ . ① 抑制剂－关系－糖尿病肾病－研究
Ⅳ . ① Q946.885 ② R692

中国版本图书馆 CIP 数据核字（2021）第 215009 号

责任编辑：程晓红 / 责任校对：张 娟
责任印制：赵 博 / 封面设计：牛 君

科 学 出 版 社 出版
北京东黄城根北街 16 号
邮政编码：100717
http://www.sciencep.com

三河市春园印刷有限公司 印刷
科学出版社发行 各地新华书店经销
＊

2021 年 11 月第 一 版 开本：787×1092 1/16
2021 年 11 月第一次印刷 印张：8 3/4
字数：207 480

定价：98.00 元
（如有印装质量问题，我社负责调换）

编著者名单

主　编　杨俊伟
编著者（按姓氏笔画排序）

丁　昊　方　丽　孙　林　石彩凤　田　汉
刘　静　江　蕾　吴小梅　何爱琴　周　阳
闻　萍　贺理宇　骆　静　徐玲玲　曹红娣
熊明霞

前　言

　　中国成年人的流行病学数据显示糖尿病的患病率高达11.2%，糖尿病肾病及其引起的终末期肾病人数逐年激增。与之相矛盾的是，尽管目前已有诸多控制血糖的药物，但特异性针对糖尿病肾病的治疗措施却十分有限。

　　近年来，一类新型口服降糖药——钠-葡萄糖共转运体2（SGLT2）抑制剂成为日益受人瞩目的治疗糖尿病及其心肾并发症的明星药物。它通过抑制肾脏近端小管的葡萄糖重吸收增加尿中葡萄糖排泄达到降低血糖的治疗效果。SGLT抑制剂的发现得益于上世纪30年代以来两项重要的科学发现，即葡萄糖在肾小管的重吸收过程受控于某种可遗传性因素，而该因素可以被苹果树皮提取物抑制。

　　临床研究也已证实，SGLT2抑制剂在降低糖化血红蛋白，并且不增加低血糖风险的同时，还能够减轻体重，改善包括血压、血脂和高尿酸血症在内的各种机体代谢参数。临床试验和真实世界数据还表明，SGLT2抑制剂可以改善2型糖尿病患者的心血管和肾脏结局以及死亡率，特别是那些既往有心血管事件、心力衰竭或慢性肾脏疾病的患者。不仅如此，SGLT2抑制剂改善心血管和肾脏结局的机制似乎并不依赖于降糖或抗动脉粥样硬化作用，而是通过利尿利钠的血流动力学，以及调节代谢和炎症发挥作用。与此同时，SGLT2抑制剂耐受性良好，尽管其不良反应包括泌尿生殖道感染、脱水，以及罕见但严重的糖尿病酮症酸中毒等，增加下肢截肢和骨折的风险也有报道。近期包括非糖尿病患者在内的试验结果将为拓展这种药物作为"心肾保护药物"的定位提供强有力的证据。

　　我研究生毕业后即在导师黎磊石院士的启发和指导下，开展与糖尿病和糖尿病肾病相关的研究工作，也因此结识了很多相关领域的专家、同道和朋友，成为良师益友，在大家的帮助、关心和指教中获益匪浅、受益终生。值此，感谢他们为本书的编写提供的无私帮助！感谢所有编委的辛勤工作！感谢我的家人！

中国病理生理学会肾脏病专业委员会主任委员
南京医科大学第二附属医院肾脏病中心主任　　杨俊伟

2021年11月

i

目　　录

第一章

SGLT的发现历程

糖尿病已成为心血管疾病和终末期肾脏病的主要病因。全球范围内每年用于糖尿病的花费超过8000亿美元。临床常用的降血糖药物，如胰岛素、二甲双胍、磺脲类、格列酮类，不仅存在明显缺陷，而且不能改善心血管疾病患者的预后，甚至增加心血管疾病死亡风险。应用钠-葡萄糖共转运体（sodium-glucose co-transporter，SGLT）抑制剂治疗糖尿病的初衷是通过抑制肠道葡萄糖的摄取及促进肾脏排泄葡萄糖以达到降低血糖的目的。近年来批准上市的SGLT2抑制剂，包括卡格列净、达格列净、恩格列净、埃格列净，有望开启在治疗糖尿病的同时，保护心血管和肾脏的新篇章。本章主要回顾SGLTs、SGLT2抑制剂、SGLT1抑制剂、SGLT1/2双重抑制剂的发现及认识历程。

第一节 苹果树皮的启发

20世纪30年代三个里程碑式的科学发现，奠定了研发SGLT抑制剂的基础：第一，Himsworth报道了血和尿葡萄糖浓度的平行关系，即当血糖低于一定浓度时，经肾小球滤过的葡萄糖被肾小管重吸收，尿中无葡萄糖；但当血糖高于此浓度时，尿中出现葡萄糖，并随血糖浓度的升高而升高。第二，Hjarne在发表的文献综述中提到，在一个瑞典家族的几代人中发现了19例遗传性肾性糖尿病患者，这种罕见的良性疾病表现为血糖浓度正常的情况下仍有持续性糖尿。第三，Poulsson基于von Mering和Minkowski的早期研究成果，利用实验犬证实了从苹果树皮中提取的根皮苷（phlorizin）能够通过阻断葡萄糖在肾小管的重吸收而诱发葡萄糖尿。自此提出了葡萄糖在肾小管重吸收过程中受控于某种可以被苹果树皮提取物抑制的遗传性因素的假说。

第二节 肾脏葡萄糖转运体的发现

正常情况下血浆葡萄糖在肾小球自由滤过，但由于肾小管具备重吸收功能，因此尿液中不含葡萄糖。然而当糖尿病血浆葡萄糖浓度过高造成滤过的葡萄糖超出肾小管的最大重吸收能力时，尿液中便可检测出葡萄糖。首先测定了人类肾小球滤过率的Homer Smith研究团队发现，肾小管对葡萄糖的重吸收作用能够被一种称为根皮苷的化合物抑制，正是这一重大发现开启了长达数十年关于肾脏转运葡萄糖部位及机制的研究。

早年利用两栖类或大鼠进行微穿刺实验，发现葡萄糖全部在近端小管被重吸收。随着Mo Burge离体灌注肾小管技术的发明，Barfuss和Schafer发现家兔近端肾小管起始段（S2）吸收葡萄糖的能力是末端（S3）的10倍；葡萄糖与S3段肾小管的亲和力更高；管腔内注入根皮苷能够阻断S2和S3段吸收葡萄糖。由此可见，绝大部分葡萄糖在近端肾小管的起始段（S1 和 S2 段）重吸收，剩余的被 S3 段重吸收。

人们对糖转运机制的认识很大程度上依赖于 Bob Crane 在 1961 年提出的钠－葡萄糖共转运假说，该假说认为葡萄糖通过肠道刷状缘的转运是逆浓度梯度的，与之相伴随的是顺浓度梯度的钠转运。Stan Schultz 和 Pete Curran 在更大范围的跨上皮转运中确证并扩展了 Crane 的假说。葡萄糖和钠的共同转运最终由 Ulrich Hopfer 的研究团队利用离体刷缘膜囊实验证实。上皮细胞中的葡萄糖继而通过易化扩散作用被动地穿过细胞基底侧膜，从而完成肠道内葡萄糖逆浓度梯度的吸收过程。

家族性肾性糖尿病和葡萄糖－半乳糖吸收不良症是两种罕见的遗传性肠道和肾脏葡萄糖转运异常性疾病。在早年的研究中，人们推测可能存在两种基因决定了肾脏中葡萄糖的重吸收，其中一种也在小肠内表达（是葡萄糖－半乳糖吸收不良症的病因）。这两种基因编码的蛋白正是现如今为我们所熟知的位于刷状缘的钠－葡萄糖共转运体（SGLT1 和 SGLT2）。在 Fanconi-Bickel 综合征的研究中（即一种表现为大量葡萄糖从尿液中丢失的遗传性疾病），人们发现了位于肾小管基底侧膜的葡萄糖转运体 GLUT2。由此可见，遗传性疾病大大助力了人们对肾脏中关键葡萄糖转运体的认知。

第三节　靶向肾脏葡萄糖转运的由来

健康成年人肾小球滤过的葡萄糖全部在近端肾小管被重吸收，可以达到 180g/d（图 1-1）。活跃的 Na^+/K^+-ATP 酶通过清除基底外侧 Na^+ 形成的电化学驱动力是肾脏重吸收葡萄糖的必备条件。管腔中的葡萄糖通过顶端侧 Na^+ 驱动的钠－葡萄糖共转运体进入肾小管上皮细胞后，顺浓度梯度经由基底侧的 GLUT2 转运出细胞，回到血液循环。利用 Sglt1 和 Sglt2 基因缺失小鼠（$Sglt1^{-/-}$ 和 $Sglt2^{-/-}$，或 $Scl5a1^{-/-}$ 和 $Scl5a2^{-/-}$）进行肾脏清除和微穿刺研究发现，SGLT2 表达在近端肾小管的起始段（图 1-1），是该段肾小管重吸收葡萄糖的唯一转运蛋白，约占整个肾脏葡萄糖重吸收分数（FGR）的 97%。相反，SGLT1 表达在近端小管末段，当血糖正常且 SGLT2 完好无损的情况下，SGLT1 仅占 FGR 的 3%。因此，在正常生理条件下，肾小管中的 SGLT2 与 SGLT1 共同承担所有滤过葡萄糖的重吸收（图 1-1）。

1927 年首次报道了 SGLT2 突变引发遗传性肾性糖尿的病例，患者每天从尿液中丢失 $1\sim150g/1.73m^2$ 的葡萄糖。迄今已有近 50 种突变与家族性肾性糖尿病（FRG）的发病有关。FRG 通常是一种良性疾病，可伴随多尿、多饮、夜间遗尿、多食及反复发生尿路感染。由于 SGLT2 突变很罕见，因而人们对其引起的疾病知之甚少。在 SGLT2 突变的个体中也并未观察到严重的并发症（如上行性尿路感染或肾功能受损）。由此推测，SGLT2 抑制剂很可能成为一种安全的降糖药物。

肾脏完全重吸收葡萄糖的阈值取决于血糖浓度，当血糖＞11.1mmol/L 时，多余的葡萄糖将从肾脏溢出。这种类似安全阀的作用有助于预防严重高血糖的发生。糖尿病状态下，肾小管肥大、SGLT2 及 SGLT1 的表达增高等异常适应性改变，造成肾脏重吸收葡萄糖的阈值升高，导致持续高血糖。当 SGLT2 被抑制时，肾脏仅能依赖剩余的 SGLT1 转运葡萄糖，因而重吸收能力大大下降，可低至约 80 g/d。换言之，抑制 SGLT2 使得肾脏安全阀的阈值下降，在正常血糖及中度高血糖情况下维持血糖的稳态。

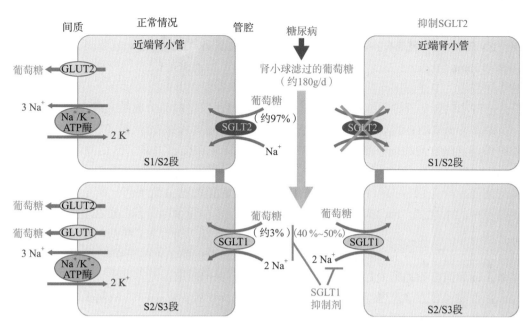

图 1-1 血糖正常及 SGLT2 抑制的情况下，肾脏 SGLT2 和 SGLT1 重吸收葡萄糖的过程

SGLT2 和 SGLT1 分别在近端肾小管起始端的 S1、S2 段和末端的 S2、S3 段表达。正常情况下，肾小球滤过的葡萄糖中约 97% 被 SGLT2 重吸收，约 3% 被 SGLT1 重吸收。抑制 SGLT2（仍有 40%～50% 的葡萄糖被重吸收）或高血糖情况下，到达近端肾小管末端的葡萄糖增多，SGLT1 显现出极大的重吸收葡萄糖的储备能力。糖尿病高血糖或抑制 SGLT2 时，再抑制 SGLT1 能进一步促进肾脏排泄葡萄糖，这为 SGLT1/2 双重抑制剂的开发提供了依据

低血糖风险是开发降糖药物过程中不容忽视的重要的临床问题，低血糖引起的交感神经兴奋往往削弱了控制血糖带来的心脏保护效应。事实上，SGLT2 抑制剂引发低血糖的风险很低，主要归功于下游的近端小管末段 SGLT1 的代偿作用，即当滤过的葡萄糖不超过 SGLT1 的转运能力时，尿液中仍然可以不排泄葡萄糖。此外，SGLT2 抑制剂的代谢调节机制，如增强肝脏糖异生的作用，也能防止低血糖的发生。

EMPA-REG OUTCOME（恩格列净）和 CANVAS（卡格列净）两项临床试验在观察到心血管保护效应的同时，不约而同地发现 SGLT2 抑制剂的肾脏获益，白蛋白尿和 eGFR 下降的风险比降低 40%～50%。SGLT2 抑制剂保护 GFR 的效应带给我们什么启示呢？在 SGLT2 抑制初期，由于到达远端肾单位的水和 NaCl 增多，通过生理性管球反馈及增高的肾小管逆向压力，造成 GFR 下降。1999 年，在链脲霉素诱导糖尿病大鼠的近端肾小管起始段的液流中给予 SGLT1/2 抑制剂根皮苷，采用单个肾单位的微穿刺实验证实存在 GFR 下降，达格列净也有类似现象（2012 年）。用药初期出现的 GFR 下降有助于控制尿白蛋白，减少肾小管物质转运带来的氧耗，从而实现保护肾功能（包括 GFR）及维持残余肾单位结构完整的远期目标。更重要的是，SGLT2 抑制初期迅速出现的 GFR 下降是一种可预期的、生理性的、功能性反应，由于其不涉及结构变化，因此是可逆的。在临床试验中，2 型糖尿病和慢性肾脏病（CKD）2～3 期患者在服用恩格列净之后，出现 eGFR 轻度下降的同时，尿白蛋白/肌酐比值降低；对 eGFR 的影响在持续用药的 52 周内一直存在，但停药 3 周后完全恢复。正如此前发现的血管紧张素

Ⅱ（Ang Ⅱ）阻断剂，抑制 SGLT2 造成的功能性 GFR 下降同样具有潜在的肾脏保护作用。EMPA-REG 和 CANVAS 试验中，约 80% 的受试者同时服用 Ang Ⅱ 阻断剂，对于 GFR ≥ 30ml/（min·1.73m^2）的患者，两项试验均观察到 SGLT2 抑制剂和 Ang Ⅱ 阻断剂的协同作用。上述协同作用可以用两种药物的病理生理作用机制来解释，即阻断 Ang Ⅱ 舒张出球小动脉，而抑制 SGLT2 通过管球反馈和肾小管逆向压力收缩入球小动脉。

对于合并 CKD 的糖尿病患者，由于其肾脏滤过葡萄糖减少，SGLT2 抑制剂控制血糖的作用可能有所减弱。然而，SGLT2 抑制剂的降压和抗心力衰竭作用并不受 CKD 和 eGFR 下降的影响。CKD 和肾单位丢失模型中，残余肾单位往往存在单个肾单位 GFR 增高的问题，而应用 SGLT2 抑制剂后，单个肾单位的葡萄糖负荷增高，产生的高渗透压使管腔中的水增多、Na$^+$ 浓度下降，造成继发性近端小管细胞旁 Na$^+$ 分泌增多，最终产生利钠、利水作用。长期 SGLT2 抑制还通过远端肾小管中水、Na$^+$ 负荷的持续增高达到利尿效果。此外，SGLT2 抑制剂可能减弱合并 CKD 糖尿病患者的肾脏贮 K$^+$ 作用，通过增强 Ang Ⅱ 阻断剂的耐受性、延长服药时间而发挥保护效应。

依据试验模型人们推测，糖尿病无论是否累及肾脏，SGLT2 抑制剂的应用将原本在近端肾小管完成的葡萄糖和 Na$^+$ 的重吸收推延到外髓肾小管，很可能使得生理状态下本就处于低氧边缘的外髓雪上加霜。上述推测在非糖尿病和链脲霉素糖尿病大鼠的体内实验中得到证实。研究者发现，应用根皮苷抑制 SGLT1/2 后，外髓氧供迅速下降。但抑制 SGLT2 产生的降糖和降低 GFR 的作用又可能缓解髓质中上述物质转运和氧合压力。不仅如此，SGLT2 抑制剂诱导的皮质深部和外髓的氧分压下降可能激活缺氧诱导因子 HIF-1 和 HIF-2。Sglt2$^{-/-}$ 小鼠肾脏中 Hmox1 基因表达增高，该基因编码的血红素加氧酶基因受到 HIF-1α 调控并发挥组织保护作用。此外，激活 HIF-2 可能有助于 SGLT2 抑制剂促进肾间质细胞释放促红细胞生成素作用的发挥，与 SGLT2 抑制引起的血细胞比容和血红蛋白的轻度增高有关，不仅可能改善外髓和皮质的氧合，而且可能改善心脏等重要脏器的氧供。值得注意的是，在 SGLT2 抑制剂恩格列净的安慰剂对照试验中，血细胞比容和血红蛋白较基线的变化对降低心血管死亡风险的贡献分别达到 51.8% 和 48.9%。换言之，抑制 SGLT2 不仅通过控制容量，还通过肾皮质深部和外髓的氧传感器激活全身缺氧反应，实现对心脏和肾脏的保护。实验模型还提示高血糖可能有助于 SGLT2 抑制剂在 CKD 患者中发挥利尿利钠作用。这也解释了为什么 SGLT2 抑制剂对容量而非 HbA1c 的影响是其降低心血管死亡风险中最重要的原因。因此，SGLT2 抑制剂对 CKD 患者降血糖作用的减弱可能是有益的。

第四节　靶向肠道葡萄糖转运的可行性

餐后高血糖与发生糖尿病并发症的风险之间存在明确相关性。膳食中的葡萄糖主要在小肠吸收，肠腔顶端膜的 SGLT1 在此过程中发挥关键作用（图 1-2）。进入小肠上皮细胞的葡萄糖继而通过基底侧膜的 GLUT2 吸收入血（图 1-2）。肠道 SGLT1 摄取的葡萄糖还能调节具有调控葡萄糖稳态作用的肠道激素的分泌，包括胰高血糖素样肽 -1（GLP-1）和葡萄糖依赖的促胰岛素肽（GIP）。由于 SGLT1 在肠道吸收葡萄糖中的重要作用，因此 Sglt1 基因突变的人和 SGLT1 缺失小鼠均存在葡萄糖/半乳糖吸收不良，新生儿的症状更重，如大量渗透性腹泻、脱水及代谢性酸中毒。去除膳食中的乳糖，蔗糖和葡萄糖能控制患者的症状，去除葡萄糖/半乳糖的饲料同样能治疗 $Sglt1^{-/-}$ 小鼠。

　　糖尿病动物肠道中SGLT1的表达增高、葡萄糖吸收也增多。$Sglt1^{-/-}$ 小鼠在OGTT试验中血糖升高的显著受限与SGLT1在肠道葡萄糖摄取及餐后高血糖中的重要作用相吻合。餐前而非餐后给予健康志愿者选择性SGLT1抑制剂GSK-1614235能延迟肠道葡萄糖的吸收，并使循环中的GLP-1和GIP水平升高长达2小时。这些激素作用于胰岛B细胞，以葡萄糖依赖的方式促进胰岛素分泌。临床前研究发现GLP-1具备抑制胰高血糖素分泌、降低食欲、增加B细胞体积的作用，这些作为GLP-1受体激动剂降糖作用的基础，促成了其被批准用于治疗2型糖尿病。值得注意的是，弹丸式葡萄糖刺激下急性GLP-1分泌的现象在SGLT1缺失小鼠中消失。阻断位于小肠起始段的SGLT1后，未被吸收的葡萄糖到达小肠远端，被此处的肠道微生物代谢，形成的短链脂肪酸（SCFAs）可诱导GLP-1的持续释放（图1-2），在应用选择性SGLT1抑制剂的健康志愿者、使用不可吸收的选择性SGLT1抑制剂（LX2761）治疗的小鼠及 $Sglt1^{-/-}$ 小鼠中均观察到肠道微生物代谢葡萄糖引起GLP-1持续释放的效应。由此可见，抑制肠道SGLT1对维持葡萄糖稳态具有直接和间接双重作用，即抑制葡萄糖摄取，以及促进降血糖的肠促胰素

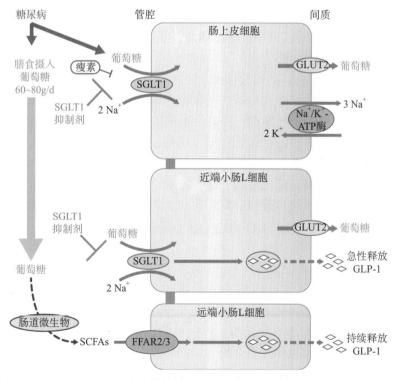

图1-2　肠道SGLT1吸收葡萄糖的过程和调节及SGLT1抑制剂的潜在治疗应用

小肠肠腔顶端侧的SGLT1介导葡萄糖/半乳糖的吸收。SGLT1的表达受多种信号级联调控，如糖尿病时SGLT1表达增高，而瘦素抑制SGLT1表达。膳食中的葡萄糖作用于近端小肠L细胞的SGLT1，引起GLP-1的急性释放。抑制近端小肠的SGLT1使不能被吸收的葡萄糖到达小肠远端，并被肠道微生物分解成SCFAs，继而通过游离脂肪酸受体（FFAR2/3）进入远端L细胞刺激GLP-1的持续释放

持续释放。

选择性SGLT1抑制剂GSK-1614235和SGLT1/2双重抑制剂索格列净（LX4211）在口服剂量下显著抑制肠道吸收葡萄糖的同时，并未产生严重的胃肠道副作用，这一现象着实令人意外。尽管现有证据表明抑制SGLT1具备潜在的治疗应用前景，但其肠道反应和安全性问题仍有待阐明。

SGLT1蛋白在人类等众多物种中分布广泛，包括腮腺和下颌下唾液腺、肝脏、肺、骨骼肌、心脏、胰岛A细胞和大脑。SGLT1在这些组织器官中的功能，以及抑制SGLT1会产生怎样的影响，目前仍未可知。依据仅有的一些动物实验结果推测，抑制SGLT1对于糖尿病心脏而言可能是一把双刃剑：SGLT1通过激发活性氧和（或）促进糖原在心肌细胞中蓄积而参与糖尿病性心肌病的进展，也可通过提高葡萄糖的利用补充缺血心肌组织中的ATP存量，以缓解缺血再灌注损伤。因此，尽管抑制SGLT1治疗糖尿病的前景可观，但更全面地了解其在健康和疾病中的功能，尤其是其在心脏和大脑中的作用显然十分必要。

第五节　SGLT2抑制剂的发展

基于上述SGLT1/2的认识不难发现，抑制肠道和（或）肾脏中葡萄糖的吸收/重吸收很可能成为一种令人期待的控制血糖的新策略。最早的SGLTs抑制剂可追溯到150多年前，人们在苹果树的根皮、叶子、嫩枝和果实中发现一种被称为根皮苷的分子，具备增加健康人尿液中葡萄糖排泄的作用。胰岛素抵抗（胰腺部分切除）的糖尿病大鼠，皮下注射根皮苷使血糖水平和胰岛素敏感性恢复正常。然而，根皮苷在水中溶解度低，口服生物利用度差，且对SGLT1和SGLT2的抑制无选择性，因此并不是理想的治疗候选药物。为了克服根皮苷的上述缺陷，人们开发出T-1095，但后者并没能进入临床开发阶段。随后，研究者发现了一种新型的含 C-葡糖苷的选择性SGLT2抑制剂，也就是如今为人们所熟知的达格列净。目前的SGLT2抑制剂，如卡格列净、恩格列净、埃格列净，均是基于相同的 C-糖基化二芳基甲烷药效团。与根皮苷和T-1095的 O-葡糖苷不同的是，C-糖基化有助于抵抗β-葡糖苷酶的水解，延长药物的半衰期。目前已批准上市的SGLT2抑制剂对SGLT2和SGLT1的选择性上存在差异，如卡格列净约260∶1，恩格列净约270∶1。

相比而言，索格列净（LX4211）对SGLT2的效力仅比SGLT1高20倍，因而被认为是SGLT1/2的双重抑制剂；相反，GSK-1614235约390∶1选择性抑制SGLT1而非SGLT2。米扎格列净是一种新型选择性SGLT1抑制剂，可用于治疗慢性便秘。通过改良索格列净，人们开发出一种新型不可吸收的SGLT1抑制剂LX2761。开发化合物LIK066用于治疗肥胖和多囊卵巢综合征，但仍需首先明确抑制肠道SGLT1在高瘦素血症型肥胖个体中是否有效，才能明确其能否应用于肥胖患者。与低瘦素血症（ob/ob小鼠）不同，高瘦素血症（db/db小鼠）在口服葡萄糖负荷情况下，肠道SGLT1的丰度下降、血糖升高的幅度也降低。db/db小鼠的瘦素受体亚型b（LEPRb）缺失，但亚型a（LEPRa）仍然存在，该受体亚型的激活与SGLT1的丰度下降有关。

从代谢的角度考虑，是否有必要同时抑制肾脏中的SGLT2和SGLT1？正常情况下仅抑制肾脏的SGLT1对尿糖排泄的影响较小。然而，当发生高血糖或抑制SGLT2时，到达近端肾小管末端的葡萄糖将大大激发SGLT1的转运能力。尽管SGLT2占FGR的95%，但无论是SGLT2抑制剂治疗的患者，还是采用药物或遗传学方法抑制SGLT2的小鼠，其FGR仅降低到40%～50%，提示SGLT1存在代偿作用。利用 $Sglt1^{-/-}$ 和 $Sglt2^{-/-}$ 小鼠估算出非糖尿病小鼠肾脏中，SGLT2与SGLT1总的基础葡萄糖重吸收能力的比值在（3～5）:1。因此，同时阻断肾脏SGLT1/2的降糖作用势必优于单独抑制SGLT2。抑制肠道SGLT1能够协同肾脏更好地控制血糖。然而不容忽视的是，SGLT1/2双重抑制可能增加低血糖风险；强效利尿作用还可能引起低血压、肾前性肾衰竭，患者发生与血药浓度相关的并发症及糖尿病酮症酸中毒的风险也更高。

选择性SGLT1和SGLT1/2双重抑制剂的疗效有待于大样本的临床试验加以证实；选择性SGLT2和SGLT1/2双重抑制剂作为胰岛素的辅助药物用于1型糖尿病患者的治疗也处于试验阶段。无论如何，SGLTs抑制剂改善血糖控制的作用同样适用于1型糖尿病，也很可能产生与目前报道的2型糖尿病类似的保护作用。但是这些患者往往面临一个严重的问题，即糖尿病酮症酸中毒的发生率显著增高。由于SGLT2抑制剂降低GFR、利钠利尿等作用在没有高血糖的情况下也同样存在，因此SGLT2抑制剂已经在心力衰竭的非糖尿病患者或CKD患者中进行临床试验。

自2013年首个SGLT2抑制剂批准上市以来，此类药物已成为治疗2型糖尿病的新支柱，并有望开启心血管疾病和肾脏疾病治疗的新纪元。

（周　阳）

参 考 文 献

Barfuss DW, Schafer JA. Differences in active and passive glucose transport along the proximal nephron. Am J Physiol, 1981, 241（3）: F322-332.

Barnett AH, Mithal A, Manassie J, et al. Efficacy and safety of empagliflozin added to existing antidiabetes treatment in patients with type 2 diabetes and chronic kidney disease: a randomised, double-blind, placebo-controlled trial. Lancet Diabetes Endocrinol, 2014, 2（5）: 369-384.

Buse JB, Wexler DJ, Tsapas A, et al. 2019 Update to: Management of hyperglycemia in type 2 diabetes, 2018. A consensus report by the American Diabetes Association（ADA）and the European Association for the Study of Diabetes（EASD）. Diabetes Care, 2020, 43（2）: 487-493.

Cai T, Ke Q, Fang Y, et al. Sodium-glucose cotransporter 2 inhibition suppresses HIF-1alpha-mediated metabolic switch from lipid oxidation to glycolysis in kidney tubule cells of diabetic mice. Cell Death Dis, 2020, 11（5）: 390.

Ceriello A. Postprandial hyperglycemia and diabetes complications: is it time to treat? Diabetes, 2005, 54（1）: 1-7.

Chasis H, Jolliffe N, Smith HW. The action of phlorizin on the excretion of glucose, xylose, sucrose, creatinine and urea by man. J Clin Invest, 1933, 12（6）: 1083-1090.

Choi CI. Sodium-glucose cotransporter 2（SGLT2）Inhibitors from natural products: Discovery of next-generation antihyperglycemic agents. Molecules, 2016, 21（9）.

Collaboration NCDRF. Worldwide trends in diabetes since 1980: a pooled analysis of 751 population-based studies with 4. 4 million participants. Lancet, 2016, 387（10027）: 1513-1530.

Cramer SC, Pardridge WM, Hirayama BA, et al. Colocalization of GLUT2 glucose transporter, sodium/glucose cotransporter, and gamma-glutamyl transpeptidase in rat kidney with double-peroxidase immunocytochemistry. Diabetes, 1992, 41 (6): 766-770.

de Boer IH, Caramori ML, Chan JCN, et al. Executive summary of the 2020 KDIGO diabetes management in CKD guideline: evidence-based advances in monitoring and treatment. Kidney Int, 2020, 98 (4): 839-848.

Dobbins RL, Greenway FL, Chen L, et al. Selective sodium-dependent glucose transporter 1 inhibitors block glucose absorption and impair glucose-dependent insulinotropic peptide release. Am J Physiol Gastrointest Liver Physiol, 2015, 308 (11): G946-954.

Drucker DJ, Nauck MA. The incretin system: glucagon-like peptide-1 receptor agonists and dipeptidyl peptidase-4 inhibitors in type 2 diabetes. Lancet, 2006, 368 (9548): 1696-1705.

Gallo LA, Wright EM, Vallon V. Probing SGLT2 as a therapeutic target for diabetes: basic physiology and consequences. Diab Vasc Dis Res, 2015, 12 (2): 78-89.

Garg SK, Henry RR, Banks P, et al. Effects of sotagliflozin added to insulin in patients with type 1 diabetes. N Engl J Med, 2017, 377 (24): 2337-2348.

Goodwin NC, Ding ZM, Harrison BA, et al. Discovery of LX2761, a sodium-dependent glucose cotransporter 1 (SGLT1) inhibitor restricted to the intestinal lumen, for the treatment of diabetes. J Med Chem, 2017, 60 (2): 710-721.

Gorboulev V, Schurmann A, Vallon V, et al. Na (+) -D-glucose cotransporter SGLT1 is pivotal for intestinal glucose absorption and glucose-dependent incretin secretion. Diabetes, 2012, 61 (1): 187-196.

Grempler R, Thomas L, Eckhardt M, et al. Empagliflozin, a novel selective sodium glucose cotransporter-2 (SGLT-2) inhibitor: characterisation and comparison with other SGLT-2 inhibitors. Diabetes Obes Metab, 2012, 14 (1): 83-90.

Hampp C, Swain RS, Horgan C, et al. Use of sodium-glucose cotransporter 2 inhibitors in patients with type 1 diabetes and rates of diabetic ketoacidosis. Diabetes Care, 2020, 43 (1): 90-97.

Heerspink HJL, Stefansson BV, Correa-Rotter R, et al. Dapagliflozin in patients with chronic kidney disease. N Engl J Med, 2020, 383 (15): 1436-1446.

Heise T, Seewaldt-Becker E, Macha S, et al. Safety, tolerability, pharmacokinetics and pharmacodynamics following 4 weeks' treatment with empagliflozin once daily in patients with type 2 diabetes. Diabetes Obes Metab, 2013, 15 (7): 613-621.

Himsworth HP. The relation of glycosuria to glycaemia and the determination of the renal threshold for glucose. Biochem J, 1931, 25 (4): 1128-1146.

Hopfer U, Nelson K, Perrotto J, et al. Glucose transport in isolated brush border membrane from rat small intestine. J Biol Chem, 1973, 248 (1): 25-32.

Inoue T, Takemura M, Fushimi N, et al. Mizagliflozin, a novel selective SGLT1 inhibitor, exhibits potential in the amelioration of chronic constipation. Eur J Pharmacol, 2017, 806: 25-31.

Inzucchi SE, Zinman B, Fitchett D, et al. How does empagliflozin reduce cardiovascular mortality? Insights from a mediation analysis of the EMPA-REG OUTCOME trial. Diabetes Care, 2018, 41 (2): 356-363.

Khunti K, Davies M, Majeed A, et al. Hypoglycemia and risk of cardiovascular disease and all-cause mortality in insulin-treated people with type 1 and type 2 diabetes: a cohort study. Diabetes Care, 2015, 38 (2): 316-322.

Laakso M. Cardiovascular disease in type 2 diabetes from population to man to mechanisms: the Kelly West Award Lecture 2008. Diabetes Care, 2010, 33（2）: 442-449.

Layton AT, Vallon V, Edwards A. Predicted consequences of diabetes and SGLT inhibition on transport and oxygen consumption along a rat nephron. Am J Physiol Renal Physiol, 2016, 310（11）: F1269-1283.

Layton AT, Vallon V. SGLT2 inhibition in a kidney with reduced nephron number: modeling and analysis of solute transport and metabolism. Am J Physiol Renal Physiol, 2018, 314（5）: F969-F984.

Neal B, Perkovic V, Matthews DR. Canagliflozin and Cardiovascular and Renal Events in Type 2 Diabetes. N Engl J Med, 2017, 377（21）: 2099.

O'Neill J, Fasching A, Pihl L, et al. Acute SGLT inhibition normalizes O2 tension in the renal cortex but causes hypoxia in the renal medulla in anaesthetized control and diabetic rats. Am J Physiol Renal Physiol, 2015, 309（3）: F227-234.

Oku A, Ueta K, Arakawa K, et al. T-1095, an inhibitor of renal Na＋-glucose cotransporters, may provide a novel approach to treating diabetes. Diabetes, 1999, 48（9）: 1794-1800.

Packer M. Mechanisms leading to differential hypoxia-Inducible factor signaling in the diabetic kidney: Modulation by SGLT2 inhibitors and hypoxia mimetics. Am J Kidney Dis, 2021, 77（2）: 280-286.

Perkovic V, Jardine MJ, Neal B, et al. Canagliflozin and renal outcomes in type 2 diabetes and nephropathy. N Engl J Med, 2019, 380（24）: 2295-2306.

Poulsson LT. On the mechanism of sugar elimination in phlorrhizin glycosuria. A contribution to the filtration-reabsorption theory on kidney function. J Physiol, 1930, 69（4）: 411-422.

Rieg T, Masuda T, Gerasimova M, et al. Increase in SGLT1-mediated transport explains renal glucose reabsorption during genetic and pharmacological SGLT2 inhibition in euglycemia. Am J Physiol Renal Physiol, 2014, 306（2）: F188-193.

Rossetti L, Shulman GI, Zawalich W, et al. Effect of chronic hyperglycemia on in vivo insulin secretion in partially pancreatectomized rats. J Clin Invest, 1987, 80（4）: 1037-1044.

Rossetti L, Smith D, Shulman GI, Correction of hyperglycemia with phlorizin normalizes tissue sensitivity to insulin in diabetic rats. J Clin Invest, 1987, 79（5）: 1510-1515.

Sano M, Takei M, Shiraishi Y, et al. Increased hematocrit during sodium-glucose cotransporter 2 inhibitor therapy indicates recovery of tubulointerstitial function in diabetic kidneys. J Clin Med Res, 2016, 8（12）: 844-847.

Santer R, and Calado J. Familial renal glucosuria and SGLT2: from a mendelian trait to a therapeutic target. Clin J Am Soc Nephrol, 2010, 5（1）: 133-141.

Santer R, Schneppenheim R, Dombrowski A, et al. Mutations in GLUT2, the gene for the liver-type glucose transporter, in patients with Fanconi-Bickel syndrome. Nat Genet, 1997, 17（3）: 324-326.

Schultz SG, Curran PF. Coupled transport of sodium and organic solutes. Physiol Rev, 1970, 50（4）: 637-718.

Song P, Onishi A, Koepsell H, et al. Sodium glucose cotransporter SGLT1 as a therapeutic target in diabetes mellitus. Expert Opin Ther Targets, 2016, 20（9）: 1109-1125.

Vallon V, Richter K, Blantz RC, et al. Glomerular hyperfiltration in experimental diabetes mellitus: potential role of tubular reabsorption. J Am Soc Nephrol, 1999, 10（12）: 2569-2576.

Vallon V, Rose M, Gerasimova M, et al. Knockout of Na-glucose transporter SGLT2 attenuates hyperglycemia and glomerular hyperfiltration but not kidney growth or injury in diabetes mellitus. Am J Physiol Renal Physiol, 2013, 304（2）: F156-167.

Vallon V，Thomson SC．Targeting renal glucose reabsorption to treat hyperglycaemia：the pleiotropic effects of SGLT2 inhibition．Diabetologia，2017，60（2）：215-225．

Wang XX，Luo Y，Wang D，et al．A dual agonist of farnesoid X receptor（FXR）and the G protein-coupled receptor TGR5，INT-767，reverses age-related kidney disease in mice．J Biol Chem，2017，292（29）：12018-12024．

Wanner C，Inzucchi SE，Zinman B．Empagliflozin and progression of kidney disease in type 2 diabetes．N Engl J Med，2016，375（18）：1801-1802．

Wanner C，Lachin JM，Inzucchi SE，et al．Empagliflozin and clinical outcomes in patients with type 2 diabetes mellitus，established cardiovascular disease，and chronic kidney disease．Circulation，2018，137（2）：119-129．

Wright EM，Loo DD，Hirayama BA．Biology of human sodium glucose transporters．Physiol Rev，2011，91（2）：733-794．

第二章

肾脏重吸收葡萄糖的基本生物学

血浆中的葡萄糖浓度通常控制在一个较小范围内（4～10 mmol/L），以确保大脑的能量供应。肾脏通过重吸收尿液中的葡萄糖来维持体内葡萄糖稳态。近端小管有三种膜蛋白负责肾小球滤过液中葡萄糖的重吸收：位于顶膜的钠–葡萄糖共转运体SGLT1和SGLT2，以及位于基侧膜的葡萄糖转运蛋白2（GLUT2）。人或小鼠中缺失上述转运蛋白将导致滤过的葡萄糖无法重吸收，随尿液排泄。给人静脉注射植物糖苷根皮苷后，从肾小球滤过的葡萄糖将最大程度的随尿液排泄。人和动物实验表明，根皮苷能够改善糖尿病症状。上述发现促使SGLT2抑制剂的研发及其在2型糖尿病中的应用。

第一节　肾脏中的葡萄糖转运蛋白

尽管葡萄糖从肾小球自由滤过，但健康人的尿液中并不出现葡萄糖。然而，在糖尿病时，尤其当血浆葡萄糖浓度超出肾小球滤过葡萄糖在肾小管重吸收负荷时，尿液中会出现葡萄糖。Homer Smith等首次量化人类肾小球滤过率。他们发现，所有滤过的葡萄糖通常都会被重吸收。值得注意的是，他们发现一种叫作根皮苷的化合物可以抑制滤过葡萄糖的重吸收。这促使人们在动物模型上对肾脏葡萄糖转运的部位和机制进行了数十年的研究。

早期在两栖动物和大鼠上进行的微穿刺实验显示，葡萄糖在近端肾小管中被完全重吸收（图2-1）。继Mo Burg引入离体灌注肾小管研究技术这一开创性工作以来，Barfuss和Schafer发现兔近端小管起始段（S2段）葡萄糖的吸收能力高出远段（S3段）小管10倍。此外，他们还发现S3段小管对葡萄糖的亲和力高于S2段小管，小管腔内注入根皮苷可阻断这两段小管对葡萄糖的吸收。自此，葡萄糖重吸收主要发生在近端小管起始段（S1和S2段），远端（S3段）重吸收剩余葡萄糖理论逐渐形成。

人们对葡萄糖转运机制的理解很大程度上依赖于1961年Bob Crane提出的钠–葡萄糖共转运假说，即葡萄糖通过黏膜逆浓度梯度转运的同时，钠离子顺浓度梯度转运。Stan Schultz和Pete Curran在更广泛的跨上皮转运的背景下进一步证实了该假说。Ulrich Hopfer等开创性的利用离体刷状缘膜囊泡实验确证了协同转运机制。随后，进入黏膜细胞中的葡萄糖经过基底侧膜被动扩散吸收入血。上述两次跨膜转运构成完整的葡萄糖吸收/重吸收过程。

通过分析两种罕见的肠道和肾脏葡萄糖转运蛋白相关的遗传性疾病——家族性肾性葡萄糖尿病和葡萄糖-半乳糖吸收不良，人们猜测两种基因参与了肾脏中葡萄糖的重吸收，其中一个基因也在小肠中表达，是葡萄糖-半乳糖吸收不良的致病基因。现在我们知道该基因编码了刷状缘钠-葡萄糖共转运体（SGLT1和SGLT2）。此外，Fanconi-

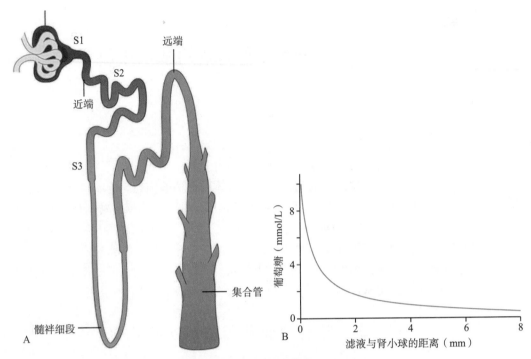

图2-1   近端肾小管葡萄糖的重吸收

A. 肾脏功能单位—单个肾小体的结构示意图；B. 微穿刺研究证实从肾小球到肾小管液体中葡萄糖的浓度（mmol/L）。SGLT2和GLUT2主要负责S1和S2段葡萄糖的重吸收，SGLT1和GLUT2负责S3段葡萄糖的重吸收

Bickel综合征作为一种遗传性疾病，可导致严重的葡萄糖丢失，与肾小管基底侧葡萄糖转运体GLUT2有关。上述遗传性疾病的发现有助于揭示肾脏葡萄糖转运蛋白——SGLT1、SGLT2和GLUT2的关键作用。

本章主要总结肾脏SGLT和GLUT的生理机制，并为SGLT2抑制剂治疗2型糖尿病提供了理论依据，同时概述了这种治疗方法的局限性。

第二节   葡萄糖重吸收的生理机制

SGLT2和SGLT1分布在近端小管S1/S2和S3的不同节段，肾小球滤过葡萄糖的重吸收模式如图2-2所示。在S1/S2和S3段，第一个阶段是葡萄糖通过SGLT经顶膜转运。这导致葡萄糖在上皮内积累，在一定程度上受胞内的代谢调控。细胞和血浆之间的葡萄糖浓度梯度反过来驱动第二阶段：葡萄糖由GLUT2通过基底侧膜向血浆侧被动吸收。基底侧Na^+/K^+泵（每2个K^+进入细胞，就会排出3个Na^+）通过将Na^+经顶膜向血浆方向泵出维持Na^+梯度。强心苷对Na^+/K^+泵的抑制可阻断钠的泵出，引起细胞内Na^+浓度的上升。一旦顶膜Na^+浓度梯度消失将阻碍钠-葡萄糖共转运。因此，经过顶膜和基底侧膜的两次转运，当肾小球滤过液到达近端小管末端时，其中的葡萄糖已全部被重吸收（图2-1）。

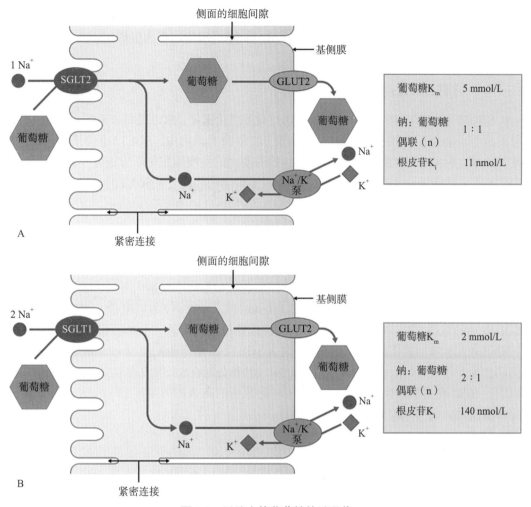

图2-2　近端小管葡萄糖的重吸收

A. 近端小管上皮细胞 S1 和 S2 段在顶膜表达 SGLT2 和基底侧膜表达 GLUT2；B. 上皮细胞 S3 段在顶膜表达 SGLT1 和基底侧膜表达 GLUT2。在肾 S1/S2 和 S3 节段，均有葡萄糖重吸收，首先通过顶膜的 SGLTs 进行葡萄糖转运，然后葡萄糖通过 GLUT2 被动向血浆转运。顶膜的钠梯度由基底侧膜 Na^+/K^+ 泵维持。37℃细胞外 NaCl 的浓度为 150mmol/L，膜电位为 -50mV，人 SGLT2 的葡萄糖 K_m 是 5mmol/L，根皮苷的 Ki 是 11nmol/L，钠糖偶联率是 1∶1。在相同的条件下，人 SGLT1 的葡萄糖 K_m 是 2mmol/L，根皮苷的 Ki 是 140nmol/L，钠糖偶联比是 2∶1

第三节　肾脏葡萄糖转运体的分布和功能

　　1987年，莱特实验室探究 SGLTs 及其功能。他们首先克隆鉴定了兔的肠道葡萄糖转运体，然后克隆出人的肠道 SGLT1 和肾脏 SGLT2。SGLTs 属于人类基因家族 SLC5，该家族包含 12 个成员，包括转运肌醇、果糖、碘化物和短链脂肪酸的钠偶联转运体。SGLT2（又称 SLC5A2）mRNA 几乎只在肾脏中表达，而 SGLT1（SLC5A1）mRNA 主要在小肠中表达，肾脏中仅少量表达。一项小鼠肾脏的单细胞转录组研究表明，SGLT2 是近端小管 S1 段细胞独特标记基因。GLUT2（也称为 SLC2A2）在 S1 和 S3 中均有表达，而 SGLT1 在近端小管中表达较低，在 S3 中表达稍高。通过细菌同源物 vSGLT 的晶体结构证实，SGLT 基因编码 14 个螺旋跨膜蛋白。晶体结构的发现为解析 SGLT 转运机制提供了重要线索。

一、肾脏 SGLTs 的分布

SGLT1 和 SGLT2 在肾脏中的分布已通过免疫组化确定。SGLT2 位于近端小管 S1 和 S2 段的顶膜，而 SGLT1 则局限于 S3 段的顶膜。在啮齿类动物中，SGLT1 也位于 Henle 袢升支的顶膜，但其在此处的功能尚不清楚。目前使用的免疫细胞化学方法并不能定量膜蛋白的密度或功能活性。然而，正是蛋白数量及其转运次数决定了 SGLT 的功能活性。

二、SGLTs 的功能特征

人们在异源表达系统，如大肠埃希菌、非洲爪猴卵母细胞和体外培养细胞，如人胚胎肾细胞（HEK 293）和非洲绿猴肾、SV40 转化细胞（COS-7）中探索 SGLT1 和 SGLT2 的功能特性，发现钠-葡萄糖共转运的动力学取决于细胞内外钠、葡萄糖和根皮苷浓度及膜电位。当细胞外氯化钠浓度 150mmol/L，-50 mV 的膜电位，37℃时，人类 SGLT2 亲和常数（K_m）为 5mmol/L（K_m 为转运速度在最大值一半时的底物浓度），钠葡萄糖偶联比 1:1。相比之下，相同条件时人 SGLT1 的葡萄糖 K_m 为 2 mmol/L，钠葡萄糖偶联比为 2:1（图 2-2）。健康人中大部分滤过的葡萄糖在 S1/S2 段被 SGLT2 和 GLUT2 重吸收，在 S3 被完全重吸收。人的 SGLT1 对葡萄糖的高亲和力及其 2:1 的钠葡萄糖偶联比保障滤过的葡萄糖被完全重吸收。

三、近端肾小管葡萄糖重吸收模型

SGLT1、SGLT2 和 GLUT2 的重要性已经通过基因敲除小鼠和监测尿排泄的无创成像方法——微正电子发射断层扫描（microPET）证实。GLUT2 的底物 2-FDG 和 SGLTs 的底物 Me-4-FDG，分别为两种 PET 示踪剂，后者与 GLUT2 存在低亲和力。静脉注射 2-FDG 后，该示踪剂以接近滤过负荷的速度迅速排泄到野生型小鼠的膀胱中，与此同时，几乎检测不到 Me-4-FDG 被排泄。这与顶膜的 SGLTs 不转运 2-FDG，以及经过 SGLTs 转运的 Me-4-FDG 与基底侧 GLUT2 的低亲和力的特性相符。在 GLUT2 敲除小鼠中，Me-4-FDG 的排泄率与 2-FDG 相当。而在 SGLT1 和 SGLT2 敲除小鼠，Me-4-FDG 的排泄增多，但仍低于其滤过负荷。上述结果与 SGLT1、SGLT2 和 GLUT2 在肾脏葡萄糖重吸收中的作用一致。

进一步的证据来自 SGLT1、SGLT2 单基因敲除或 SGLT1/SGLT2 双敲除小鼠 24 小时葡萄糖排泄的检测实验。双敲除小鼠滤过的葡萄糖全部被排泄，而单敲除 SGLT2 或 SGLT1 的小鼠中，分别有 67% 和 98% 的滤过葡萄糖被重吸收。SGLT2 截断突变患者滤过葡萄糖的排泄低于 50%，而 SGLT1 截断突变者只有轻微的糖尿。在小鼠和人类中，功能性 GLUT2 的"敲除"（GLUT2 的截断突变）也可引起大量葡萄糖尿。

总的来说，这些数据表明，在小鼠和人类中，近端小管起始段（S1/S2）的 SGLT2 重吸收了绝大部分滤过的葡萄糖，而在近端小管远端（S3）的 SGLT1 具备重吸收高达 70% 滤过葡萄糖的储备能力。在所有三个节段（S1、S2 和 S3）中，基底外侧膜中的

GLUT2对于完成肾小管葡萄糖的重吸收亦至关重要。

第四节　葡萄糖重吸收的抑制物

根皮苷是SGLTs的外源性抑制剂，与SGLTs具有高亲和力，能特异性、竞争性抑制SGLTs，但并不能被转运，包含可与SGLTs的葡萄糖结合位点结合的区域，以及一个苷元尾部（根皮素）。相比之下，内源性的根皮苷对葡萄糖转运的抑制作用很弱，即便在高钠环境下，亦是如此。

早前已有报道，根皮苷全面抑制人体中葡萄糖重吸收的作用。如采用microPET监测Me-4-FDG的排泄情况，发现静脉注射根皮苷或特异性SGLT2抑制剂达格列净可迅速增加Me-4-FDG的排泄。小鼠注射4-［18F］氟-达格列净（F-Dapa）后，microPET成像显示达格列净特异性作用于肾脏。F-Dapa特异性地结合功能性的SGLT2（结合常数为4 nmol/L），该结合能够被根皮苷或未经放射性标记的达格列净取代。在啮齿类动物中，肾脏是唯一的与F-Dapa特异性结合的器官。SGLT2抑制剂仅与血浆侧膜中有功能的SGLT2蛋白结合的现象，促使人们发现其在啮齿类动物肾脏中的特异性定位。

那么，F-Dapa又与肾脏的哪个部位结合？离体放射自显影提示F-Dapa仅与小鼠肾脏外皮层肾小球周围的小管结合。该结合部位与原位杂交检测到的SGLT2（也称为Slc5a2）mRNA在大鼠肾脏中的定位，以及SGLT2抗体在小鼠、大鼠和人肾脏中的定位类似。因此，达格列净经过肾小球滤过后，与近端小管起始段的SGLT2结合并抑制葡萄糖的重吸收。对犬肾脏的生化研究显示，［3H］-根皮苷通过肾脏滤过，与近端小管刷状膜结合，并被非放射性的根皮苷取代后，随尿液排泄。与根皮苷不同，达格列净和其他SGLT2抑制剂不会排泄到尿液中，它们会被远端肾单位重吸收，经胆汁排泄。

第五节　SGLTs和GLUTs转运葡萄糖的分子机制

SGLTs对钠-葡萄糖共转运的力学模型如图2-3所示。关于SGLT介导的钠-葡萄糖共转运的绝大多数信息来自于人类SGLT1异源表达系统的生化和生理实验，而来自人类SGLT2实验的数据十分有限。此外，细菌同源物vSGLT的晶体结构的鉴定和这些结构的分子动力学模拟为进一步阐明SGLT的分子机制提供思路。SGLT属于一个转运蛋白家族，该家族的共同特征是均具备5个螺旋反向重复基序LeuT折叠结构，提示该家族成员可能具有相似的转运机制。转运蛋白的底物结合位点位于蛋白的中间，内外门将膜内外两侧的底物隔离（图2-3）。SLC2基因家族中GLUT的结构，提示转运蛋白具有相似的门控机制，但不同之处在于内门和外门的开启和关闭不受钠离子影响。

SGLTs的每一次转运过程涉及两个钠离子和一个葡萄糖分子。转运的速率和方向取决于细胞内外钠和葡萄糖浓度以及膜电位的极性和高低。SGLT1和SGLT2通过钠和葡萄糖的共转运产生电流，为测量共转运率提供了生理基础。在钠离子存在的情况下，葡萄糖激活向内/外的电流与钠的传输速率相等。对SGLT1而言，在缺乏葡萄糖的情况下，钠离子的有无带来的电压变化产生电容电流。SGLT1中带电或极性氨基酸在膜电场中的运动会产生电流。这些生理特性为探究SGLT1的数量及其动力学稳态提供重要依

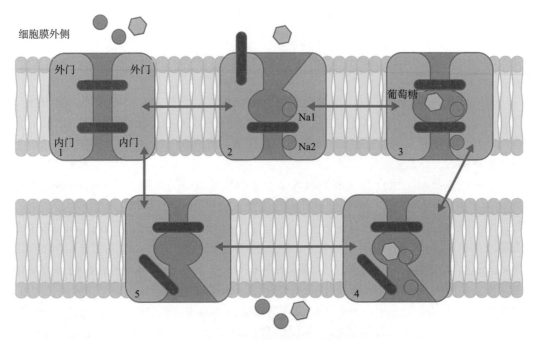

图2-3　钠偶联糖转运的模式图

　　钠（绿圆）首先结合至细胞外侧（外门，过程1）开启外部通道（过程2），允许糖（葡萄糖；黄色六角形）结合并停在结合位点（过程3）。这两种底物的结合诱导了"内向"构象的改变，引起内门（过程4）的打开，Na^+和糖释放到细胞内部。两种底物释放后，内门关闭，形成内向的无配体构象（过程5）。随着外向配体自由构象的转变完成一个循环（过程1）。根皮苷与过程2的葡萄糖结合位点结合（过程2）

据。然而，迄今为止，尚无有关人的SGLT2电容电流的记载。

　　正常的正向转运周期中（图2-3），细胞外钠首先与Na2和Na1位点结合。SGLT2和其他LeuT结构家族成员具有保守的Na2位点，SGLT1中参与共转运Na^+的氨基酸残基有A76、I79、S289、S392和S293。人类SGLT1中的Na1位点包括N78、H83、E102、Y290和W291。钠结合增加了打开外门的概率，以便外部葡萄糖（或根皮苷）可以结合。与葡萄糖结合的残基有N78、H83、E102、K321、Q457、Y290和W291，这些残基在人类SGLT2中高度保守。与葡萄糖（或根皮苷）结合后，外门关闭，封闭底物与外部溶液，然后打开内门，将葡萄糖和钠释放进入胞质。最后，内门关闭，动力循环装置恢复到初始状态。在葡萄糖和钠的有序内部解离的假说基础上，最近的实验和分子动力学研究进一步证实了葡萄糖和钠的同时释放机制。一个完整的周期约需要20毫秒。

　　尽管SGLT2的动力学研究不如SGLT1完善，但两者的转运模式相似（图2-3）。缺乏SGLT2研究数据主要原因是该转运蛋白在实验体系中的表达量过低，如培养在22℃的光滑卵母细胞中，SGLT2的表达水平不足SGLT1的1%。根据Ana Pajor和Chari Smith的研究，将温度提高到37℃会显著提高培养细胞中SGLT2的活性，使得人们能够在培养的人胚胎肾脏（HEK）293T细胞中比较SGLT1和SGLT2的动力学。SGLT2和SGLT1的主要区别在于SGLT2的钠与葡萄糖的偶联比为1：1，而SGLT1的钠与葡萄糖的偶联比为2：1。根皮苷对SGLT2的亲和力高于SGLT1（Ki 11 nmol/L vs. 140 nmol/L），列净类药物对SGLT2的亲和力更高，如达格列净（Ki 4 nmol/L vs. 400 nmol/L）。此外，SGLT2转运的糖的种类更少，如SGLT2几乎不转运半乳糖。Michael Coady等认为SGLT2在卵母细胞中低表达的原因与其无法共表达MAP17有关。但MAP17如何影响卵母细胞表达SGLT2仍不清楚。除了动力学变量的微小差异外（可能是由于培养温度不同），22℃培养的卵母细胞与37℃培养的HEK 293T细胞中，SGLT2的动力学特征基本相同。

第六节　SGLTs的调节和结构

一、SGLTs的调节

HEK 293T细胞中，SGLT2能够迅速响应蛋白激酶A（PKA）和蛋白激酶C（PKC）的刺激。然而该效应是可逆的，仅活化不超过5分钟，与SGLT2的最大转运速率的动态变化有关。胰岛素能够模拟PKA和PKC激活的作用，但与SGLT2上唯一的磷酸化位点Ser624Ala无关。PKC和PKA也调节体外培养细胞中的SGLT1，促进该转运体迅速由胞内移位到细胞膜。在卵母细胞中，生理实验和电子显微镜观察发现，PKA和PKC诱导的SGLT1活性的增强是由于细胞膜上SGLT1蛋白数量的增加造成的。胰岛素并不影响人的SGLT1的转运活性。

二、SGLTs的结构

Eric Turk纯化细菌转运体vSGLT之后，采用X线确认其构象。SGLTs蛋白有14个跨膜螺旋，其中核心倒置重复的跨膜螺旋1～5和6～10，每个重复包含一个不连续的螺旋［跨膜螺旋（TM）1和TM6］。底物结合位点位于蛋白的中间位置，紧邻不连续螺旋（N78，H83，E102，K321，Q457，Y290和W291），通过内外门阻隔外部和内部溶液。vSGLT、SGLT1和SGLT2相对较高的序列一致性和结构相似性使得构建人类蛋白同源模型成为可能（图2-4）。在糖封闭状态（图2-3，状态3）下，葡萄糖结合N78、H83、E102、K321、Q457、Y290和W291。疏水残基（L84、F98和F453）和内溶液部分被Y290排除在外。SGLT1和其他LeuT结构家族蛋白中常见的Na2钠结合位点是S393，还包括A76、I79、S389和S392。每个SGLT1糖和钠配位残基的突变都会极大地改变糖的结合，但外部通道残基突变的影响较小。

第七节　抑制葡萄糖重吸收的分子结构基础

SGLT药物开发的先导化合物是根皮苷。如上所述，该植物糖苷是SGLT2和SGLT1的非转运活性特异性竞争抑制剂，K_i分别为11 nmol/L和140 nmol/L。在钠存在的情况下，它优先结合到SGLTs的外表面，阻止葡萄糖运输（向内或向外）。列净类对于SGLTs的结合具有高度选择性，例如，达格列净与SGLT2的结合亲和力远高于SGLT1，而半乳糖-达格列净对SGLT1的亲和力比SGLT2低几个数量级。

根皮苷与SGLT1结合的突变分析证实，糖结合位点对葡萄糖和根皮苷与SGLT1的结合均十分重要，葡萄糖K_m和根皮苷K_i之间存在线性关系。外门残基F101C的突变使

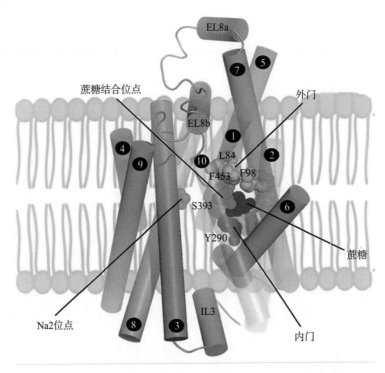

图2-4 基于vSGLT向内封闭构象的人类SGLT2同源模型

螺旋用管表示。为了清晰,螺旋-1和11～14已经被移除,螺旋1、2和10展示成透明的。TM3用橙色表示。突出的是形成葡萄糖结合位点的残基,内外门EL8a和EL8b是外环中连接TM7和TM8的螺旋

根皮苷 K_i 增加了200倍,而葡萄糖 K_m 没有变化。这表明F101与根苷元之间存在相互作用的可能是π-π键。

关于根苷元结合位点的其他线索来自于SGLT1的电压钳荧光测量实验,该方法确定了600Å3前庭通向钠结合开放构象中的葡萄糖结合位点(图2-3,过程2和图2-5)。这个前庭由TM1,TM2,TM6,TM9和TM10的疏水分子组成(图2-4)。我们预计列净类药物会在SGLT1和SGLT2中结合到相似的位点,该假说得到了抑制剂与SGLTs结合的分子动力学研究的支持。SGLT2药物的成功在很大程度上归功于它们对SGLT2的高亲和力以及SGLT2在肾皮质的适量表达。由于GLUT家族成员之间在结构和功能上的密切相似性以及GLUT在全身的重要功能,尚未开发出可用于治疗糖尿病的GLUT2抑制剂。

第八节 肾脏葡萄糖转运相关遗传性疾病

如前所述,有三种已知罕见的常染色体隐性SGLTs和GLUT2疾病,葡萄糖-半乳糖吸收不良(OMIM 182380),家族性肾性糖尿(OMIM 233100)和Fanconi-Bickel综合征(OMIM 227810),所有这些都导致轻至重度的糖尿[1～150 g/(1.73 m² · d)](表2-1)。在葡萄糖-半乳糖吸收不良中,SGLT1突变导致肠道葡萄糖(和半乳糖)

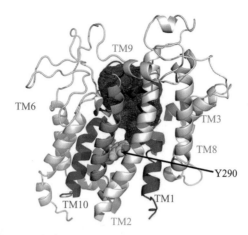

图2-5　人类SGLT1的外前庭呈向外的钠结合构象

前庭使用荧光试剂与糖结合位点的半胱氨酸残基共价结合，例如与Y290C结合的四甲基罗丹明（TAMRA）。图中显示了SGLT1结构模型的跨膜螺旋（TM）的位置（为清晰，部分螺旋已去除），以及以TM1、TM2、TM3、TM6、TM9、TM10外端为界的 600 Å3 前庭边界（蓝色区域）

吸收缺陷，并造成轻度糖尿。相比之下，SGLT2突变会导致肾性糖尿［从 1 g/（ 1.73 $m^2 \cdot d$ ）到 150 g/（ 1.73 $m^2 \cdot d$ ）］，但不存在肠道吸收缺陷。只有在SGLT2同源截断突变的情况下，才可能出现严重的糖尿，同时也取决于SGLT1的储备能力。与葡萄糖–半

表2-1　SGLT1，SGLT2和GLUT2相关的遗传性疾病

家族性肾性葡萄糖尿病（OMIM 233100）

良性，罕见，常染色体隐性遗传病

表现为孤立性尿糖［1～150 g/（ 1.73 $m^2 \cdot d$ ）］

60%的患者发生SGLT2同源突变

突变包括错义、无义、帧移位、剪接位点和缺失突变

过早终止突变（如V347X）的患者有严重的糖尿

葡萄糖–半乳糖吸收不良（OMIM 182380）

肠道葡萄糖和半乳糖吸收缺陷的少见常染色体隐性遗传病

患者有轻度肾性糖尿，新生儿（母乳喂养）有腹泻

纯合异质SGLT1错义、无义、帧移位、剪接位点和缺失突变

突变引起SGLT1从内质网向刷状缘膜转运的缺陷

治疗方法是从饮食中去除乳糖、葡萄糖和半乳糖

Fanconi-Bickel综合征（OMIM 227810）

一种致命的、罕见的常染色体隐性遗传疾病

以肝大和糖尿40～150g/（ 1.73$m^2 \cdot d$ ）为特征

错义、无义、框架移位和GLUT2剪接位点突变

有截断突变的人有严重的糖尿病

乳糖吸收不良症不同，目前还没有对SGLT2突变体的转运特性进行全面的研究，原因同样与SGLT2在体外培养体系中的低表达有关。与此同时，家族性肾性糖尿病患者临床研究也十分匮乏，目前认为家族性肾性糖尿病是一种单纯的常染色体隐性遗传病。

与SGLT2一样，如果GLUT2是近端小管基底外侧膜上主要的葡萄糖转运体，那么GLUT2的截断突变将导致滤过的葡萄糖无法重吸收，而完全被排泄。然而，由于GLUT2在肝脏和其他器官中的重要性，Fanconi-Bickel综合征的表型是复杂的。综上所述，动物实验证实SGLT1、SGLT2和GLUT2突变引起遗传疾病，强调它们在健康人群重吸收滤过葡萄糖中的重要性。

肾脏滤过的大量葡萄糖，在肾小管系统尤其是近端小管中重吸收，主要机制包括顶端膜上的钠-葡萄糖共转运体SGLT2和SGLT1以及基底侧膜上的葡萄糖转运体GLUT2。与此同时，近端小管能够产生葡萄糖，促进碳酸氢盐的形成和维持酸碱平衡。由近端小管重吸收或生成的葡萄糖主要被小管周毛细血管吸收并返回体循环，或作为能量来源提供给近曲小管远端，近曲小管远端由基底侧GLUT1吸收葡萄糖。最新研究旨在阐明关于肾脏葡萄糖重吸收、生成和利用的机制。对疾病状态下肾脏葡萄糖转运也有了新的理解，如糖尿病患者肾脏重吸收葡萄糖加剧高血糖，以及SGLT2重吸收葡萄糖和钠离子的偶联，可能带来的继发性损害等。此外，SGLT1在急性肾损伤和致密斑葡萄糖感知中的独特作用有待进一步阐明。

（曹红娣　刘　静）

参 考 文 献

Abramson J, Wright EM. Structure and function of Na（＋）-symporters with inverted repeats. Curr Opin Struct Biol, 2009, 19（4）: 425-432.

Adelman JL, Ghezzi C, Bisignano P, et al. Stochastic steps in secondary active sugar transport. Proc Natl Acad Sci U S A, 2016, 113（27）: E3960-3966.

Barfuss DW, Schafer JA: Differences in active and passive glucose transport along the proximal nephron. Am J Physiol, 1981, 241（3）: F322-332.

Chasis H, Jolliffe N, Smith HW. The action of phlorizin on the excretion of glucose, xylose, sucrose, creatinine and urea by man. J Clin Invest, 1933, 12（6）: 1083-1090.

Coady MJ, El Tarazi A, Santer R, et al. MAP17 Is a necessary activator of renal Na＋/Glucose cotransporter SGLT2. J Am Soc Nephrol, 2017, 28（1）: 85-93.

Coady MJ, Wallendorff B, Lapointe JY. Characterization of the transport activity of SGLT2/MAP17, the renal low-affinity Na（＋）-glucose cotransporter. Am J Physiol Renal Physiol, 2017, 313（2）: F467-F474.

Cramer SC, Pardridge WM, Hirayama BA, et al. Colocalization of GLUT2 glucose transporter, sodium/glucose cotransporter, and gamma-glutamyl transpeptidase in rat kidney with double-peroxidase immunocytochemistry. Diabetes, 1992, 41（6）: 766-770.

Ehrenkranz JR, Lewis NG, Kahn CR, et al. Phlorizin: a review. Diabetes Metab Res Rev, 2005, 21（1）: 31-38.

Ghezzi C, Hirayama BA, Gorraitz E, et al. SGLT2 inhibitors act from the extracellular surface of the cell membrane. Physiol Rep, 2014, 2（6）.

Ghezzi C, Loo DDF, Wright EM. Physiology of renal glucose handling via SGLT1, SGLT2 and GLUT2. Diabetologia, 2018, 61（10）: 2087-2097.

Ghezzi C, Yu AS, Hirayama BA, et al. Dapagliflozin binds specifically to sodium-glucose cotransporter 2 in the proximal renal tubule. J Am Soc Nephrol, 2017, 28（3）: 802-810.

Hediger MA, Turk E, Wright EM. Homology of the human intestinal Na＋/glucose and Escherichia coli Na＋/proline cotransporters. Proc Natl Acad Sci U S A, 1989, 86（15）: 5748-5752.

Hirsch JR, Loo DD, Wright EM. Regulation of Na＋/glucose cotransporter expression by protein kinases in Xenopus laevis oocytes. J Biol Chem, 1996, 271（25）: 14740-14746.

Hopfer U, Nelson K, Perrotto J, et al. Glucose transport in isolated brush border membrane from rat small intestine. J Biol Chem, 1973, 248（1）: 25-32.

Hummel CS, Lu C, Liu J, et al. Structural selectivity of human SGLT inhibitors. Am J Physiol Cell Physiol, 2012, 302（2）: C373-382.

Hummel CS, Lu C, Loo DD. Glucose transport by human renal Na＋/D-glucose cotransporters SGLT1 and SGLT2. Am J Physiol Cell Physiol, 2011, 300（1）: C14-21.

Loo DD, Jiang X, Gorraitz E. Functional identification and characterization of sodium binding sites in Na symporters. Proc Natl Acad Sci U S A, 2013, 110（47）: E4557-4566.

Nishimura M, Naito S. Tissue-specific mRNA expression profiles of human ATP-binding cassette and solute carrier transporter superfamilies. Drug Metab Pharmacokinet, 2005, 20（6）: 452-477.

Pajor AM, Randolph KM, Kerner SA, et al. Inhibitor binding in the human renal low-and high-affinity Na＋/glucose cotransporters. J Pharmacol Exp Ther, 2008, 324（3）: 985-991.

Park J, Shrestha R, Qiu C, et al. Single-cell transcriptomics of the mouse kidney reveals potential cellular targets of kidney disease. Science, 2018, 360（6390）: 758-763.

Powell DR, DaCosta CM, Gay J, et al. Improved glycemic control in mice lacking Sglt1 and Sglt2. Am J Physiol Endocrinol Metab, 2013, 304（2）: E117-130.

Sala-Rabanal M, Hirayama BA, Ghezzi C, et al. Revisiting the physiological roles of SGLTs and GLUTs using positron emission tomography in mice. J Physiol, 2016, 594（15）: 4425-4438.

Sala-Rabanal M, Hirayama BA, Loo DD, et al. Bridging the gap between structure and kinetics of human SGLT1. Am J Physiol Cell Physiol, 2012, 302（9）: C1293-1305.

Santer R, Groth S, Kinner M, et al. The mutation spectrum of the facilitative glucose transporter gene SLC2A2（GLUT2）in patients with Fanconi-Bickel syndrome. Hum Genet, 2002, 110（1）: 21-29.

Santer R, Schneppenheim R, Dombrowski A, et al. Mutations in GLUT2, the gene for the liver-type glucose transporter, in patients with Fanconi-Bickel syndrome. Nat Genet, 1997, 17（3）: 324-326.

Schultz SG, Curran PF. Coupled transport of sodium and organic solutes. Physiol Rev, 1970, 50（4）: 637-718.

Vallon V. Glucose transporters in the kidney in health and disease. Pflugers Arch, 2020, 472（9）: 1345-1370.

Vrhovac I, Balen Eror D, Klessen D, et al. Localizations of Na（＋）-D-glucose cotransporters SGLT1 and SGLT2 in human kidney and of SGLT1 in human small intestine, liver, lung, and heart. Pflugers Arch, 2015, 467（9）: 1881-1898.

Watanabe A, Choe S, Chaptal V. The mechanism of sodium and substrate release from the binding pocket of vSGLT. Nature, 2010, 468（7326）: 988-991.

Wright EM, Loo DD, Hirayama BA. Biology of human sodium glucose transporters. Physiol Rev,

2011, 91（2）: 733-794.

Wright EM, Turk E. The sodium/glucose cotransport family SLC5. Pflugers Arch, 2004, 447（5）: 510-518.

Yan N. Structural Biology of the Major Facilitator Superfamily Transporters. Annu Rev Biophys, 2015, 44: 257-283.

第三章

SGLT2抑制剂与肾脏的水盐代谢

第一节　肾脏水盐调节的病理生理

肾脏是调节水盐代谢的重要器官，在维持人体容量、酸碱以及电解质平衡等方面发挥着至关重要的作用。因此，了解肾脏调节水盐代谢的病理生理基础对于深刻理解SGLT2抑制剂调节机体容量平衡和血压控制等具有重要意义。

一、肾脏的钠离子转运

钠是细胞外液中最重要的阳离子，也是细胞外容量的主要决定因子。可以说，细胞外容量在很大程度上依赖于钠平衡的调节。钠平衡的调节主要由钠的摄入、肾外的钠丢失以及肾脏的钠排泄共同决定，其中，肾脏排泄被认为是机体调节钠平衡的主要决定因素，在维持细胞外容量稳态中发挥着关键作用。

钠可经肾小球自由滤过，但经肾小球滤过的钠有99%左右会经肾小管重吸收来维持机体平衡。由于钠离子并不能自由通过细胞膜脂质双分子层，因此，肾小管介导的钠离子重吸收必须依赖于肾小管各节段的转运蛋白或离子通道。了解肾小管各节段钠离子转运蛋白的生物学特征和调节机制有助于充分理解肾脏在容量平衡和高血压调节中的作用。

简单来说，钠离子从肾小管管腔重吸收入管周毛细血管的过程主要分为两步：首先在肾小管上皮侧经转运蛋白或离子通道进入细胞，随后再经肾小管细胞基底侧的转运蛋白进入细胞间质和管周围毛细血管。虽然上皮侧的钠离子转运蛋白具有很强的组织细胞特异性，但在基底膜侧，钠-钾-ATP酶（Sodium Potassium ATPase，Na^+-K^+-ATPase）是转运钠离子进入细胞间质和管周围毛细血管的最重要转运蛋白，其在各段肾小管上均有表达，但在远端小管中的活性最高，Henle袢和近端小管次之。在将钠离子排出细胞的同时，更重要的是，Na^+-K^+-ATP酶还可以产生两大附加效应：①确保细胞内的钠离子浓度始终维持在10～30mmol/L，浓度远远低于细胞外液和肾小球滤过液；②排出阳离子（Na^+排出量大于K^+进入量）使细胞内产生负电位——两者的综合效应可促使上皮侧的钠离子顺着电化学浓度梯度进入细胞，基底侧Na^+-K^+-ATP酶是上皮侧钠离子转运的能量来源；不仅如此，该梯度还有助于与钠离子转运联动的其他物质（如葡萄糖、氨基酸等）的主动重吸收或分泌。

但是，在上皮侧，不同节段肾小管上的钠离子转运蛋白或通道却各不相同，我们将分段介绍肾脏各个节段调节水盐代谢和钠离子重吸收的转运蛋白（表3-1）。了解这些蛋白的生物学特性可一定程度上帮助理解各节段的部分功能，也有助于理解药物调控水盐平衡及高血压的作用机制。

表 3-1 肾脏上皮侧重吸收钠离子的部位及转运机制

肾小管节段	重吸收率	转运机制	转运方向
近端小管	60%～70%	Na^+-H^+交换	逆向转运
		与葡萄糖、磷酸盐、氨基酸和其他有机溶质相偶联的Na^+转运	同向转运
Henle 袢	15%～25%	Na^+-K^+-$2Cl^-$复合转运	同向转运
远端小管	5%～10%	Na^+-Cl^-复合转运	同向转运
集合管	1%～2%	Na^+通道	离子通道

（一）近端小管（proximal tubule）

近端小管可重吸收滤过液中60%～70%的Na^+和水，以及与Na^+转运相偶联的几乎所有的葡萄糖、磷酸盐、氨基酸和其他有机溶质，该过程主要是通过Na^+-H^+交换蛋白（sodium hydrogen exchanger，NHE）、Na^+-葡萄糖转运蛋白、Na^+-磷酸盐转运蛋白及多种Na^+-氨基酸转运蛋白等共同完成的。从定量的角度上讲，Na^+-H^+交换蛋白可以说是最重要的钠离子转运蛋白，已知约有10个亚型，分布于各个节段的肾小管上皮侧顶端：NHE3亚型主要位于近端小管、髓袢粗段和细段，NHE2亚型主要位于致密斑，NHE4亚型主要位于Henle袢升支后段。Na^+-H^+交换蛋白以胞内一个H^+、胞外一个Na^+进行等分子跨膜交换，并以此维持细胞内的pH和渗透压。

Na^+-葡萄糖转运蛋白、Na^+-磷酸盐转运蛋白及多种Na^+-氨基酸转运蛋白是近端小管上皮侧的同向钠离子转运蛋白，这些共转运蛋白与载体蛋白结合后可引起构象发生改变，进而打开闸门，介导Na^+的跨膜运动和重吸收。其中，钠-葡萄糖协同转运蛋白（sodium-glucose transporter，SGLT）占很大比例，也是本书的关注重点，其生物学特征将在下节重点介绍。

（二）髓袢（the loop of henle）

Henle袢升支重吸收了15%～25%的钠离子，主要由该段的Na^+-K^+-$2Cl^-$转运蛋白（sodium potassium chloride co-transporter，NKCC）介导完成。Na^+-K^+-$2Cl^-$转运蛋白有两种亚型：NKCC1和NKCC2，NKCC1广泛分布于全身的分泌上皮细胞，NKCC2则常见于肾脏Henle袢粗段升支。Na^+-K^+-$2Cl^-$转运蛋白可以将Na^+、K^+和Cl^-以1:1:2的比例重吸收进细胞内，随后Na^+和Cl^-则被吸收到管周液中，而K^+通过顶端K^+通道重新循环，再次进入管腔。所以，Na^+-K^+-$2Cl^-$转运蛋白的净效应为重吸收了一个Na^+和两个Cl^-，而小管管腔内呈正电性。管腔内的正电位，可促使Na^+、Ca^{2+}和Mg^{2+}等阳离子通过细胞间的紧密连接而被动重吸收，即发生所谓的细胞旁转运（paracellular transport）。Na^+-K^+-$2Cl^-$转运蛋白的活性受到很多激素及细胞容量变化的调节，在很多组织中，这个调节过程直接通过自身蛋白的磷酸化/去磷酸化完成。此外，Cl^-浓度也是调节转运蛋白活性的主要因素，因为虽然Na^+内流的电化学梯度是Na^+-K^+-$2Cl^-$转运蛋白重吸收的主要能量来源，但事实上，管腔内Cl^-与转运蛋白相应位点的结合才是诱导转运蛋白发生构象改变并促使Na^+进入细胞的关键因素。临床上常用的袢利尿药（如呋塞米、布美他尼）就是通过竞争性结合 Na^+-K^+-$2Cl^-$ 转运蛋白上的 Cl^- 结合位点来抑制 Na^+、Cl^- 的重吸收、发挥利尿效果的。

（三）远端小管（distal tubule）

正常情况下滤过液中5%～10%的 Na^+ 和水经远端小管重吸收，Na^+-Cl^- 共转运蛋白（sodium chloride co-transporter，NCC）是该节段最主要的钠转运蛋白。与 Henle 袢中 Na^+-K^+-$2Cl^-$ 转运蛋白的活性调节相似，Na^+-Cl^- 转运蛋白的活性也是主要取决于管腔内的 Cl^- 浓度，而非 Na^+ 浓度的变化或激素活性。临床上常用的噻嗪类药物可抑制该转运蛋白的活性。

远端小管致密斑处还有一种钠离子转运蛋白——Na^+-H^+ 交换蛋白2（NHE2）。由于致密斑紧邻肾小球血管极的近球细胞，可通过感受远端小管中的 Na^+ 浓度影响和调节近球细胞中的肾素分泌。认为 NHE2 亚型参与了致密斑对 Na^+ 的敏感感知。

（四）集合管（collecting duct）

Na^+ 排泄的最终调节发生在集合管，该段负责重吸收过滤液中最后剩余的1%～2%的 Na^+。上皮钠通道（epithelial sodium channel，ENaC）主要位于集合管主细胞（principal cells）和夹层细胞（intercalated cells）上皮侧，具有三种亚型，带 Na^+ 转运通道，具有高度的钠选择通透性。ENaC 在介导 Na^+ 转运时并不伴有 Cl^- 转运，因此会形成管腔内的负电荷梯度，负电荷梯度可促进 Cl^- 通过细胞间连接发生细胞旁转运，也有助于上皮侧的选择性 K^+ 通道蛋白进行 K^+ 分泌。

集合管的上皮钠通道活性主要受盐皮质激素、醛固酮和心房钠尿肽的调节：钠通道的表达量取决于循环中的盐皮质激素含量；醛固酮可激活基底膜侧的 Na^+-K^+-ATP 酶泵，在促进 Na^+ 内流的同时也可促进 K^+ 的分泌，从而实现保钠排钾的效应；心房钠尿肽可通过减少钠通道的开放数目以抑制 Na^+ 重吸收。实验动物在低钠饮食、给予盐皮质激素或微灌流抗利尿激素时，均会发生钠离子通道活性的增强而增加集合管对钠的重吸收。相反，临床上常用的利尿药氨氯吡咪可阻断钠的重吸收。

综上可见，正是由于肾小管不同节段的钠离子转运蛋白各具特征，才使得肾脏中钠离子的高效转运（近端小管）和精细调节（远端小管）成为可能。充分认识各节段钠离子转运蛋白的生物学特性，有助于充分理解肾脏水盐代谢的病理生理机制及各种药物的作用机制及临床效应。

二、肾脏中的水代谢

为了维持容量及渗透压平衡，正常情况下肾脏以平行的方式调控机体的钠离子和水代谢。但是，与钠离子不同的是，肾脏对水的重吸收，主要是受各节段肾小管对水的通透性及管腔-管周渗透压压差的综合影响。

（一）各节段肾小管的水转运

近端小管上皮细胞的上皮侧和基底膜均存在水通道蛋白1（aquaporin，AQP1）的表达，对水具有高通透性，因此可以完成钠离子重吸收后所介导的渗透性转运，帮助调节肾小管上皮细胞的内渗透压。此外，该段的水还可以通过细胞间紧密连接的"渗漏"而完成。因此，近端小管表现为原尿的等渗重吸收，减少了滤过液的容量，而并不改变其渗透压。

Henle袢降支对水具有很高的通透性，但对离子的通透性较差；反之，Henle袢升支对水的通透性则较差，对离子却具有很高的通透性。总体来说，Henle袢重吸收了25%的钠离子和氯离子，但对水的重吸收却只有10%，造成了滤过液的稀释和髓质的高渗透压。不仅如此，Henle袢降支和升支间的离子和水分的差异性转运，还造成了随髓质深度增加而增加的渗透压梯度，是逆流倍增的重要机制。

由于远端小管上皮细胞缺乏水通道蛋白，且细胞间紧密连接的通透性相对较差，因此，远端小管对水的通透性较低。当该段肾小管对Na^+、Cl^-的重吸收不伴有水的重吸收，则会进一步稀释管腔内的滤过液。

集合管对水的重吸收受控于抗利尿激素（antidiuretic hormone，ADH）——在没有抗利尿激素的情况下，集合管对水的通透性较小；但是，当抗利尿激素释放增加时，抗利尿激素可与集合管的V2受体结合激活腺苷酸环化酶，使得c-AMP浓度升高，促使富含水通道蛋白2（aquaporin，AQP2）的胞质小泡插入并融合进集合管细胞的上皮侧细胞膜。水通过水通道蛋白2进入集合管细胞后，可通过集合管基底侧的水通道蛋白3和4进入管周间隙，从而完成集合管部水的重吸收过程。该过程中，如果集合管对水的通透性较低，则离子的重吸收会进一步稀释管腔液；如果集合管对水的通透性增加，则水分会被重吸收进管周间质。皮质中，集合管中的管腔液渗透压与管周间质及血浆渗透压相当；但是，在髓质深处的集合管，为了与管周的高渗透压达到平衡，则会出现尿液的浓缩过程。

（二）逆流倍增机制

尿液的浓缩和稀释障碍是机体水代谢紊乱的重要因素。而尿液的浓缩与稀释除了取决于肾脏中水的通透性（水转运），还取决于肾脏各部分的渗透压梯度（水转运的动力），是通过逆流倍增机制实现的。所谓"逆流"，是指原尿沿着肾小管先从皮质到髓质，再从髓质反流回皮质的过程；所谓"倍增"，是指这个过程中尿液的浓缩效率翻倍增加。如前所述，Henle袢降支和升支间的离子和水分的差异性转运，造成了随髓质深度增加而增加的渗透压梯度。髓袢越长，从皮质到髓质的渗透梯度越大，水的重吸收动力越强，尿液的浓缩效率越高，即逆流倍增效率越高；反之，髓袢越短，从皮质到髓质的渗透压梯度越小，水的重吸收动力越小，尿液的浓缩效率越低，则逆流倍增效率越低。

除了钠、氯等离子的转运，尿素也是形成肾髓质高渗的另一重要因素。尿素可通过尿素再循环进入肾脏的髓质部分，参与肾髓质内高渗环境的形成。一些营养不良、蛋白质摄入不足等蛋白代谢障碍的患者，尿素生成量减少，可影响肾脏内髓高渗环境的形成，从而降低尿浓缩的功能。此外，髓袢结构的完整性也是逆流倍增的重要基础。肾髓质受损，尤其是内髓质部的髓袢受损时，如髓质钙化、萎缩或髓质纤维化等疾病时，逆流倍增效率将减退而影响尿液浓缩。

虽然，上文是对肾脏各个节段的钠、水转运分别进行了阐述，但需要提醒的是，各节段的离子转运蛋白实际上始终是处于一种相互协调的状态，是通过协同调节才得以维持机体的电解质和体液平衡。就比如说，祥利尿药可使更多的尿液经过远端小管，促进远端小管"流量依赖性"的Na^+、Cl^-重吸收，从而减弱祥利尿药所引起的排Na^+效应。因此，我们在评估某种药物对肾脏水盐代谢的影响时，不应只着眼于其作用靶点的生物学效应，更应关注和测评其对整个肾脏水盐代谢的全面作用，这也是本节回顾肾脏水盐调节病理生理的初衷。

第二节　SGLT2抑制剂的水盐调节功能

肾脏在人体的葡萄糖转运和代谢中起重要作用。正常生理情况下，肾脏每天经肾小球滤过160～180g葡萄糖，但通常并不会引起葡萄糖尿，这是由于近端肾小管重吸收葡萄糖所致。由于细胞膜对葡萄糖不是自由通透的，因此近曲小管对葡萄糖的重吸收只有通过细胞膜上的葡萄糖转运体才能完成。肾脏中存在两种葡萄糖转运体：钠-葡萄糖协同转运蛋白（sodium-dependent glucose transporter，SGLTs）家族存在于管腔侧，通过主动转运将小管液中的葡萄糖逆浓度梯度转运至肾小管上皮细胞中；葡萄糖转运蛋白（glucose transporter，GLUT）家族主要存在于基底侧膜，通过被动转运将肾小管上皮细胞内的葡萄糖顺浓度梯度转运至周围毛细血管中。肾脏重吸收葡萄糖主要是由SGLT1和SGLT2介导的。其中，SGLT2因为与糖代谢调节及心肾保护密切相关，是当前糖尿病领域的研究热点。SGLT2亲和力低（$K_m = 1.6$mmol）而转运能力强，每一个循环转运1个Na^+和1个葡萄糖，主要位于肾脏近端小管的S1和S2段，负责肾脏90%～95%的葡萄糖重吸收，起主导作用。SGLT1亲和力高（$K_m = 0.35$mmol）而转运能力低，每一个循环转运2个Na^+和1个葡萄糖，位于肾脏近端小管的S2和S3段，未被吸收的5%～10%的葡萄糖则是由其重吸收。生理情况下，SGLT以继发性主动转运的方式将小管液中的Na^+和葡萄糖同向转运至细胞内，进入细胞的葡萄糖则由基底侧膜上的葡萄糖转运体（glucose transporters，GLUT）以易化扩散的方式扩散至细胞间液和周围毛细血管内，从而完成肾小管葡萄糖的重吸收。由于SGLT介导的葡萄糖重吸收常伴有成比例的钠离子重吸收（SGLT1，Na^+：葡萄糖=2:1；SGLT2，Na^+：葡萄糖=1:1），临床上使用的SGLT2抑制剂势必会对肾脏的水盐代谢产生影响，因此，本节将简述病理生理状态下SGLT2抑制剂对肾脏水盐代谢的调节作用及机制。

一、SGLT2抑制剂对钠离子转运蛋白的药理作用

SGLT2抑制剂的基本药理是因其糖苷配基可与葡萄糖竞争性结合SGLT2，有效抑制SGLT2的转运活性，进而减少肾小管上皮细胞对葡萄糖和Na^+的重吸收，增加尿中葡萄糖的排泄，从而达到降低血糖的目的。

但事实上，SGLT2抑制剂的药理作用可能远不止如此。高糖作用下，肾小管上皮细胞肥大、SGLT2的活性增强使得近端小管重吸收的葡萄糖、Na^+、Cl^-和水均显著增加，这就使得流经致密斑处的Na^+浓度下降，从而抑制管球反馈（tubulo-glomerular feedback，TGF），引起入球小动脉舒张，肾小球滤过率（single-nephron GFR，SNGFR）和球内压升高。基于此种认识，理论上讲，使用SGLT2抑制剂抑制近端小管对钠离子

的重吸收，不仅可增加尿钠的排泄、调节容量平衡，还可以提高致密斑细胞内的离子浓度、重建管球反馈，进而发挥调节肾脏及全身的血流动力学稳态的作用。确实，多项基础及临床的试验证据表明，在糖尿病和非糖尿病中使用SGLT2抑制剂具有急性促尿钠排泄作用。但是，也有部分研究显示，SGLT2抑制剂导致的尿钠排泄增加多是发现于24小时左右，在48小时至数周后则不再观察到具有利钠效应。由此提示，在评估SGLT2抑制剂对钠平衡的影响时，不能忽视其对肾小管其他节段钠转运蛋白的调节作用，或者其他节段钠转运蛋白对小管内钠离子浓度变化的代偿性调节机制。

Na^+-H^+交换蛋白3（Na^+/H^+ exchanger 3 transporter，NHE3）是近端小管重要的钠离子转运蛋白，负责30%的钠离子重吸收和70%的碳酸氢钠滤过。葡萄糖对其具有双向调节功能：生理范围内的葡萄糖可刺激NHE3的转运活性，而高浓度的葡萄糖则会抑制其活性。理论上讲，SGLT2抑制剂可能会因为抑制了SGLT2的转运活性而导致NHE3转运活性的代偿性增强。但事实上，研究发现，SGLT2抑制剂也可直接抑制NHE3的转运活性和功能，从而降低钠的重吸收、促进尿钠的排泄和降低血压，在肾小管的组织水平上发挥对肾脏的保护作用。甚至，由于组织形态学观察到大鼠的近端肾小管中SGLT2蛋白和NHE3蛋白存在共定位效应，推测这两种转运体可能存在物理关联和功能偶联：敲除肾小管NHE3可降低SGLT2的蛋白表达；抑制NHE3活性可增强SGLT2抑制剂的利钠和促尿酸排泄作用。

Kimura等的研究认为，由于SGLT2抑制剂可导致近端小管的葡萄糖重吸收减少、管腔内的渗透压增高，可间接引起近端小管对水的渗透性重吸收减少，因此，流经Henle袢的Cl^-浓度往往也是降低的。如前所述，管腔内的Cl^-浓度是诱导Henle袢的Na^+-K^+-$2Cl^-$转运蛋白发生构象改变并促使Na^+吸收入细胞的关键因素。因此，从这个角度上讲，SGLT2抑制剂可以通过影响管腔内的Cl^-浓度来调节Henle袢中Na^+-K^+-$2Cl^-$共转运蛋白的活性，进而抑制Henle袢中Na^+和K^+的重吸收，发挥类似于袢利尿的作用。不仅如此，由于远端小管的Na^+-Cl^-转运蛋白活性也是主要取决于管腔内的Cl^-浓度，SGLT2抑制剂很有可能对其也有抑制作用，发挥类似于噻嗪类利尿药的作用。这提示，SGLT2抑制剂对容量的调节及利尿效应可能不仅仅是近端小管的重吸收减少，Henle袢和远端小管的重吸收受抑在其中可能也发挥了重要作用。

不仅如此，由于Na^+-K^+-$2Cl^-$共转运蛋白具有调节致密斑盐敏感知力和肾素分泌的重要作用，SGLT2抑制剂可能对致密斑的盐敏感及管球反馈也具有一定的调节功能。由于EMPA-REG结果显示，袢利尿药可抑制Na^+-K^+-$2Cl^-$共转运蛋白，减少转运至致密斑细胞内的Na^+和Cl^-量，进而抑制管球反馈。理论上讲，SGLT2抑制剂（恩格列净）联合袢利尿药可能会减轻恩格列净使用后的一过性eGFR下降，但事实却并非如此。这提示，SGLT2抑制剂可能对致密斑细胞上的其他钠离子转运蛋白如SGLT1、Na^+-H^+交换蛋白2（Na^+/H^+ exchanger 2 transporter，NHE2）等也具有一定的病理生理作用，进而拮抗了袢利尿剂对Na^+-K^+-$2Cl^-$共转运蛋白的抑制作用，导致致密斑内的钠离子浓度并没有发生明显变化。

由此可见，尽管SGLT2抑制剂的基本药理作用是靶向于近端肾小管的SGLT2，但由于肾小管各段钠离子转运蛋白的协同调节和功能偶联，SGLT2抑制剂对钠离子转运蛋白的药理作用可能远不止如此，还存在诸多未知、需要进一步深入探讨。或者，更为通俗地讲，我们可以认为SGLT2抑制剂是将部分葡萄糖、Na^+、Cl^-和液体重吸收转移到肾小管下游各段，使糖尿病状态下的水盐转运负担沿肾小管各节段更均匀地分布，有助于肾小管功能的长期保护效应。

二、SGLT2抑制剂对容量调节的影响

如上所述，由于SGLT2抑制剂对肾小管的钠离子转运调节十分复杂，其对尿钠的排泄效应并不明确，但临床使用过程中又确实是发现了其具有利尿及血容量下降的临床效应。这就提示，SGLT2抑制剂影响体内容量分布可能并不仅仅是依赖于对钠离子转运的调节，还具有其他作用机制。

从水代谢的角度上分析，SGLT2抑制剂抑制近端小管的葡萄糖重吸收后会导致大量葡萄糖流入远端肾单位，随着水在各段肾小管的重吸收，管腔液内的葡萄糖浓度和渗透压也逐渐增加、降低了管腔液和间质间的渗透压梯度，进而削弱了肾脏的逆流倍增机制、减少了各节段尤其是集合管中的水的被动重吸收。需要提醒的是，尽管我们认为SGLT2抑制剂可能也具有类似于袢利尿药和噻嗪类利尿药的容量调节作用，但这两点从本质上还是有所区别的。因为大多数利尿药如袢类、噻嗪类等的作用是直接降低钠离子的再吸收、间接调节水的重吸收，属于离子驱动性的利尿；而SGLT2抑制剂很可能是直接影响水的重吸收，产生类似于渗透性利尿作用，利尿效果更强大还不影响电解质的稳态。

不仅如此，EMPAREG OUTCOMES的研究还发现，与传统利尿药相比，SGLT2抑制剂对容量稳态、动脉充盈和器官灌注的影响较小，可在不减少血管充盈和组织灌注的前提下获得更大的液体清除率，从而更好地控制心力衰竭导致的组织充血和脏器功能障碍。由于SGLT2抑制剂的多重效应，该方面的相关机制还需要进一步探讨。

第三节　SGLT2抑制剂对肾小球滤过率的影响

如前所述，SGLT2抑制剂抑制近端小管的钠离子和葡萄糖重吸收后，可通过调节管腔内的离子浓度影响致密斑处的盐敏感能力和肾素分泌，因此，基于Brenner的"高压力、高灌注、高滤过"的血流动力学学说，SGLT2抑制剂对肾小球滤过率的影响引起了广泛关注，这也是评估SGLT2抑制剂在糖尿病/非糖尿病状态下是否具有肾脏保护效应的重要内容之一。

多光子显微成像技术显示，糖尿病Akita小鼠使用SGLT2抑制剂可导致肾脏的入球小动脉收缩、球内压和肾小球滤过率下降。临床研究也证实，SGLT2抑制剂使用后的第1周，肾小球滤过率（estimated glomerular filtration rate，eGFR）平均下降4～6 $ml/(min \cdot 1.73m^2)$，停药后可部分恢复。由此，SGLT2抑制剂降低肾小球滤过率的临床效应已得到基本证实。而且，后续的长时间随访观察研究显示，SGLT2抑制剂对肾小球滤过率的调节作用呈现双向性：早期下降，随后则趋于稳定，因此，SGLT2抑制剂可能具有非常好的肾脏保护功能。如Jaikumkao等的研究显示，SGLT2抑制剂可激活球管反馈，使糖尿病患者的肾小球滤过率下降、尿蛋白降低。47项研究荟萃分析也显示，在2型糖尿病合并慢性肾脏病患者中，SGLT2抑制剂的使用与肾功能的稳定、蛋白尿的减

少密切相关，且具有统计学意义。

如上所述，致密斑-管球反馈所介导的肾脏血流动力学改变是SGLT2抑制剂调节肾小球滤过率的重要机制。但有研究认为，虽然1型糖尿病和2型糖尿病中SGLT2抑制剂均会降低肾小球滤过率，但潜在的血流动力学效应可能并不同。van Bommel等发现，在2型糖尿病患者中使用SGLT2抑制剂（达格列净）会有入球小动脉的收缩、肾血流的下降和肾血管阻力的下降；而1型糖尿病患者使用SGLT2抑制剂（恩格列净）则主要表现为肾脏出球小动脉的扩张，与血管紧张素转化酶抑制药和血管紧张素受体阻滞药降低肾小球内压的作用相似。这表明，SGLT2抑制剂对1型糖尿病、2型糖尿病或非糖尿病的肾脏血流动力学差异可能与患者的临床特征相关，比如说肾脏的基线血流动力学状态、年龄、性别、糖尿病病程和伴随用药如血管紧张素转化酶抑制药、血管紧张素受体阻滞药、胰岛素等。

腺苷途径是调节肾脏血流动力学的机制之一。Kidokoro等的研究发现，腺苷受体拮抗剂可抑制SGLT2抑制剂对管球反馈的激活和入球小动脉的收缩，提示SGLT2抑制剂是通过腺苷途径调节肾小球滤过率的。最近一项在2型糖尿病患者中的临床研究则进一步提示，SGLT2抑制剂（达格列净）可通过激活管球反馈诱导致密斑细胞中的ATP释放、形成腺苷：腺苷与腺苷A1受体结合收缩入球小动脉；腺苷与腺苷A2受体结合扩张出球小动脉，共同调节肾脏局部的血流动力学、降低肾小球滤过率，而且这些效应与血糖水平的变化无关。

此外，一氧化氮合成酶-1 途径也是致密斑-管球反馈介导肾脏血流动力学改变的机制。最近研究表明，致密斑可通过SGLT1感知管腔中的葡萄糖、激活一氧化氮合成酶-1，从而引起一氧化氮的合成增加、削弱管球反馈引起的血管效应，导致糖尿病肾小球高滤过状态。在1型糖尿病小鼠和非糖尿病小鼠中，敲除SGLT1可抑制致密斑中一氧化氮合成酶1的表达增加。由此提示，管腔中葡萄糖的增加及SGLT1-致密斑--氧化氮合成酶1通路的激活可能也是SGLT2抑制剂引起肾小球滤过率变化的机制之一。

除了血流动力学因素之外，几种非血流动力学机制也参与了SGLT2抑制剂对糖尿病患者肾小球滤过率的调节，炎症是其中之一。糖尿病常被视为是一种炎性疾病，糖尿病患者血浆中常可检测出促炎因子如肿瘤坏死因子-α（tumor necrosis factor α，TNF-α）、干扰素-γ（interferon gamma，IFN-γ）等的浓度增高。而且，随着肾脏病变的进展，糖尿病患者体内的促炎因子浓度还会进一步升高。研究发现，促炎因子IFN-γ和TNF-α可正向调控近端小管的NHE3、远端小管的NKCC2和NCC转运活性、增强肾脏对钠离子的重吸收，而水钠的重吸收增加反之又会进一步增强促炎因子的分泌和表达、抑制先天免疫和适应性免疫的抗炎功能；而抗炎细胞因子如白细胞介素-10则可导致钠转运蛋白的活性下降，抑制肾脏的钠离子重吸收。促炎和抗炎的长期失衡可最终导致糖尿病肾小球滤过率下降、肾脏病进展甚至肾衰竭。当前，动物及人体试验数据均表明，SGLT2抑制剂能够有效降低炎症细胞因子的释放、增加抗炎细胞因子IL-10的表达，提示炎症的稳态调节可能是SGLT2抑制剂长期稳定肾小球滤过率、保护肾功能的机制之一。此外，氧耗量也是SGLT2抑制剂调节糖尿病患者血压、蛋白尿及肾小球滤过率的机制之一。SGLT2抑制剂可降低肾小球毛细血管压力和肾小管重吸收的耗氧量，改善肾皮质的氧合、降低肾小管糖毒性，有助于长期稳定肾小球滤过率和保持肾小管功能。

由此，有鉴于"高灌注、高压力、高滤过"在慢性肾脏病进展中的作用，与ACEI/ARB相似，SGLT-2抑制剂也是通过主动降低肾功能（减轻肾脏负担），以达到长期保护肾功能的目的。但需要指出的是，与ACEI/ARB引起的肾小球滤过率下降不同，SGLT2抑制剂引起的肾小球滤过率下降可在停药后完全逆转。虽然管球反馈是目前认为的SGLT-2抑制剂调节肾小球滤过率的最主要机制，但由于肾脏血流动力学的病理生理调节十分复杂，还需要进一步研究。

第四节　SGLT2抑制剂对血压的影响

高血压是糖尿病患者中最常见的伴随疾病，有约超过2/3的2型糖尿病患者合并有高血压，是加剧糖尿病心脑血管损伤及肾脏病进展的重要因素。而且，由于研究表明，无论是通过单药或联合用药，即使是降低很小范围内的血压（收缩压3～5mmHg）也可显著降低糖尿病患者的全因死亡率，糖尿病患者中的血压控制一直是糖尿病并发症治疗的重要内容。除了传统的降压药之外，如前文所述，由于SGLT2抑制剂可抑制近端小管对钠离子和葡萄糖的重吸收、调节肾脏局部及全身的水盐代谢，SGLT2抑制剂近年来被视为是一种新型的、能够同时降低血糖和血压的药物，引起了广泛关注。本节将主要阐述SGLT2抑制剂对血压的作用及影响因素。

虽然从理论上讲，SGLT2抑制剂也存在着通过升高胰高血糖素分泌而升高血压的可能性。但是EMPA-REG BP临床研究及其他多项荟萃分析结果表明，SGLT2抑制剂可使2型糖尿病患者的收缩压和舒张压分别降低4～6 mmHg及1～3 mmHg，呈现一定的剂量依赖性，各种SGLT2抑制剂之间没有明显差异。而且，一般认为，SGLT2抑制剂的降压效果独立于其他降压药和起始血压情况，似乎并不受患者肾功能下降的影响，可将糖尿病高血压的盐敏感特性转化为非盐敏感特性，使昼夜血压异常恢复至正常构型。但是，也有学者认为，恩格列净的降压作用很轻微，并且通过亚组分析发现恩格列净的降压效果并没有随疗程的延长而增加，相反，在治疗52周时，其与安慰剂组的降压效果相比并无统计学意义。随后，一项纳入了13个临床随机对照研究、4717例2型糖尿病患者的Meta分析结果显示，与安慰剂相比，恩格列净能降低2型糖尿病患者收缩压和舒张压，其差异有统计学意义。虽然Meta分析结果显示恩格列净的降压作用与安慰剂相比存在统计学意义，但其临床的实际意义却也变得十分有限。因此，SGLT2抑制剂的临床降压作用需要更多的临床试验来证实。

如前所述，SGLT2抑制剂参与调节了钠离子的转运和水的代谢，具有轻度渗透性利尿和可能的利钠作用，利钠、渗透性利尿、细胞外容量和血容量下降被认为可能是SGLT2抑制剂的降压机制。Ferrannini等观察了志愿者服用SGLT2抑制剂后的一些早期血流动力学变化，发现恩格列净治疗后的1小时可引起利尿和血压下降，同时伴有肾小球滤过率的下降。其他临床研究也发现，2型糖尿病患者使用达格列净后可使血浆容积下降7%、血细胞比容增加。这提示SGLT2抑制剂降低血压可能是通过利尿、降低血容量的作用来发挥降压效应。Weber等募集了450例肾功能正常、血糖控制不理想，同时经过肾素-血管紧张素系统抑制剂联合另外一种降压药治疗血压仍有升高的患者进行了双盲对照试验，发现10mg达格列净使用12周后坐位收缩压可下降约4.3mmHg。进一步的亚组分析显示，达格列净与普萘洛尔、钙通道阻滞药有协同作用，但与噻嗪类利尿药无协同作用。这也进一步证明，利尿、血容量下降是SGLT2抑制剂降低患者血压的重要机制。但值得注意的是，如前文所述，SGLT2的利尿效应并不是通过利钠作用来介导的，因此现在判断SGLT2是否能代替利尿剂用于合并有2型糖尿病的高血压患者的治疗还为时过早。

理论上讲，SGLT2抑制剂诱导的利钠、利尿和体液流失可能会显著增加肾小球旁细胞的肾素释放、激活肾素-血管紧张素-醛固酮系统（至少是在治疗的早期阶段）。但现有的临床数据表明，SGLT2抑制剂治疗后的RAAS激活是短暂的，而且血浆醛固酮的水平也没有发生显著变化，这可能是因为醛固酮的产生不仅受到血管紧张素Ⅱ的刺激，还受到其他因素的影响，而这些其他因素如促肾上腺皮质激素和钾在SGLT2抑制剂治疗期间没有变化。一些研究表明，SGLT2抑制剂和RAAS抑制剂联合使用可产生降压和肾保护的协同效应。加之已知利尿药可以增强β受体阻断药和钙通道阻断药的降压效果，这提示SGLT2抑制剂可能可以加强RAS阻断剂+β受体阻断药，或RAS阻断药+钙通道阻断药方案的降压效果，为临床降压药物的联合使用提供了较为可靠的数据。

虽然还有大量研究数据显示SGLT2抑制剂还可能是通过改善动脉硬化、降低尿酸、抑制交感神经系统活性等多重机制共同参与降压效应，但进一步的研究仍然需要关注和期待。未来，有必要进一步研究探索SGLT-2抑制剂对各类（低危vs.高危；年轻vs.老年）糖尿病患者高血压及靶器官损伤的影响，因为，这些患者将非常有望从SGLT-2抑制剂的临床治疗中获益。

（方　丽）

参 考 文 献

Andrianesis V，Glykofridi S，Doupis J．The renal effects of SGLT2 inhibitors and a mini-review of the literature．Ther Adv Endocrinol Metab，2016，7（5-6）：212-228.

Bakris GL，Fonseca VA，Sharma K，et al．Renal sodium-glucose transport：role in diabetes mellitus and potential clinical implications．Kidney Int，2009，75（12）：1272-1277.

Cherney DZ，Perkins BA．Sodium-glucose cotransporter 2 inhibition in type 1 diabetes：simultaneous glucose lowering and renal protection? Can J Diabetes，2014，38（5）：356-363.

De Pascalis A，Cianciolo G，Capelli I，et al．SGLT2 inhibitors，sodium and off-target effects：an overview．J Nephrol，2021，34（3）：673-680.

Ghezzi C，Loo DDF，Wright EM．Physiology of renal glucose handling via SGLT1，SGLT2 and GLUT2．Diabetologia，2018，61（10）：2087-2097.

Hallow KM，Greasley PJ，Helmlinger G，et al．Evaluation of renal and cardiovascular protection mechanisms of SGLT2 inhibitors：model-based analysis of clinical data．Am J Physiol Renal Physiol，2018，315（5）：F1295-F1306.

Hallow KM，Helmlinger G，Greasley PJ，et al．Why do SGLT2 inhibitors reduce heart failure hospitalization? A differential volume regulation hypothesis．Diabetes Obes Metab，2018，20（3）：479-487.

Heerspink HJ，Desai M，Jardine M，et al．Canagliflozin slows progression of renal function decline independently of glycemic effects．J Am Soc Nephrol，2017，28（1）：368-375.

Jaikumkao K, Pongchaidecha A, Chueakula N, et al. Dapagliflozin, a sodium-glucose co-transporter-2 inhibitor, slows the progression of renal complications through the suppression of renal inflammation, endoplasmic reticulum stress and apoptosis in prediabetic rats. Diabetes Obes Metab, 2018, 20 (11): 2617-2626.

Kario K, Weber M, Ferrannini E. Nocturnal hypertension in diabetes: Potential target of sodium/glucose cotransporter 2 (SGLT2) inhibition. J Clin Hypertens (Greenwich), 2018, 20 (3): 424-428.

Kidokoro K, Cherney DZI, Bozovic A, et al. Evaluation of glomerular hemodynamic function by empagliflozin in diabetic mice using in vivo imaging. Circulation, 2019, 140 (4): 303-315.

Kimura G. Importance of inhibiting sodium-glucose cotransporter and its compelling indication in type 2 diabetes: pathophysiological hypothesis. J Am Soc Hypertens, 2016, 10 (3): 271-278.

Kondo H, Akoumianakis I, Badi I, et al. Effects of canagliflozin on human myocardial redox signalling: clinical implications. Eur Heart J, 2021.

Layton AT, Vallon V. Renal tubular solute transport and oxygen consumption: insights from computational models. Curr Opin Nephrol Hypertens, 2018, 27 (5): 384-389.

Lee N, Heo YJ, Choi SE, et al. Anti-inflammatory effects of empagliflozin and gemigliptin on LPS-stimulated macrophage via the IKK/NF-kappaB, MKK7/JNK, and JAK2/STAT1 signalling pathways. J Immunol Res, 2021, 2021: 9944880.

Maliha G, Townsend RR. SGLT2 inhibitors: their potential reduction in blood pressure. J Am Soc Hypertens, 2015, 9 (1): 48-53.

Mordi NA, Mordi IR, Singh JS, et al. Renal and cardiovascular effects of SGLT2 inhibition in combination with loop diuretics in patients with type 2 diabetes and chronic heart failure: The RECEDE-CHF Trial. Circulation, 2020, 142 (18): 1713-1724.

Nespoux J, Vallon V. Renal effects of SGLT2 inhibitors: an update. Curr Opin Nephrol Hypertens, 2020, 29 (2): 190-198.

Nespoux J, Vallon V. SGLT2 inhibition and kidney protection. Clin Sci (Lond), 2018, 132 (12): 1329-1339.

Oliva RV, Bakris GL. Blood pressure effects of sodium-glucose co-transport 2 (SGLT2) inhibitors. J Am Soc Hypertens, 2014, 8 (5): 330-339.

Onishi A, Fu Y, Darshi M, et al. Effect of renal tubule-specific knockdown of the Na (+)/H (+) exchanger NHE3 in Akita diabetic mice. Am J Physiol Renal Physiol, 2019, 317 (2): F419-F434.

Onishi A, Fu Y, Patel R, Darshi M, et al. A role for tubular Na (+)/H (+) exchanger NHE3 in the natriuretic effect of the SGLT2 inhibitor empagliflozin. Am J Physiol Renal Physiol, 2020, 319 (4): F712-F728.

Perkovic V, Koitka-Weber A, Cooper ME, et al. Choice of endpoint in kidney outcome trials: considerations from the EMPA-REG OUTCOME (R) trial. Nephrol Dial Transplant, 2020, 35 (12): 2103-2111.

Rajasekeran H, Lytvyn Y, Cherney DZ. Sodium-glucose cotransporter 2 inhibition and cardiovascular risk reduction in patients with type 2 diabetes: the emerging role of natriuresis. Kidney Int, 2016, 89 (3): 524-526.

Schmidt C, Hocherl K, Bucher M. Regulation of renal glucose transporters during severe inflammation. Am J Physiol Renal Physiol, 2007, 292 (2): F804-811.

Schork A, Saynisch J, Vosseler A, et al. Effect of SGLT2 inhibitors on body composition, fluid status and renin-angiotensin-aldosterone system in type 2 diabetes: a prospective study using bioimpedance spectroscopy. Cardiovasc Diabetol, 2019, 18（1）: 46.

Sha S, Polidori D, Heise T, et al. Effect of the sodium glucose co-transporter 2 inhibitor canagliflozin on plasma volume in patients with type 2 diabetes mellitus. Diabetes Obes Metab, 2014, 16（11）: 1087-1095.

Skrtic M, Yang GK, Perkins BA, et al. Characterisation of glomerular haemodynamic responses to SGLT2 inhibition in patients with type 1 diabetes and renal hyperfiltration. Diabetologia, 2014, 57（12）: 2599-2602.

Sternlicht H, Bakris GL. Hypertension: SGLT2 inhibitors: not just another glucose-lowering agent. Nat Rev Nephrol, 2016, 12（3）: 128-129.

Vallon V, and Verma S. Effects of SGLT2 inhibitors on kidney and cardiovascular function. Annu Rev Physiol, 2021, 83: 503-528.

van Bommel EJ, Muskiet MH, Tonneijck L, et al. SGLT2 Inhibition in the Diabetic Kidney-From Mechanisms to Clinical Outcome. Clin J Am Soc Nephrol, 2017, 12（4）: 700-710.

Weir MR, Kline I, Xie J, et al. Effect of canagliflozin on serum electrolytes in patients with type 2 diabetes in relation to estimated glomerular filtration rate（eGFR）. Curr Med Res Opin, 2014, 30（9）: 1759-1768.

Xu L, Li Y, Lang J, et al. Effects of sodium-glucose co-transporter 2（SGLT2）inhibition on renal function and albuminuria in patients with type 2 diabetes: a systematic review and meta-analysis. PeerJ, 2017, 5: e3405.

第四章

SGLT2 抑制剂与代谢

钠-葡萄糖共转运体-2（sodium-glucose co-transporter 2，SGLT2）抑制剂是治疗2型糖尿病的新一类降糖药物。达格列净是首个同时在欧盟和美国获得批准的SGLT2抑制剂，随后卡格列净、恩格列净和伊格列净也相继获得批准。虽然所有这些化合物在SGLT2选择性、生物利用度和半衰期方面有所不同，但它们的作用机制总体上是相同的，即通过部分抑制SGLT2来限制肾脏葡萄糖的重吸收，从而降低血糖。虽然SGLT2抑制剂主要被认为是降糖药物，但其作用不仅仅是降低血浆葡萄糖水平。本章从能量代谢转变的角度，在基础研究证据和临床观察的基础上，综合分析SGLT2抑制剂在能量代谢中的作用及可能的机制。

第一节　SGLT2 抑制剂与糖代谢

肾脏在葡萄糖调节中起着重要的作用，通过近端肾小管上的SGLTs介导的葡萄糖重吸收调控血糖的稳态。SGLTs是一类主要位于肠道和近端肾小管的膜蛋白家族，负责肠道上皮细胞和近端肾小管上皮细胞对葡萄糖、氨基酸、维生素和一些离子的转运。SGLT1主要表达于肠道，而SGLT2主要表达于近端肾小管。滤过的葡萄糖中80%～90%被SGLT2重吸收，剩余10%～20%被SGLT1重吸收。肾脏通过近端肾小管上SGLTs对葡萄糖的重吸收机制参与血糖的调控。

在临床试验中，使用SGLT2抑制剂可以使空腹血糖下降1.1～1.9mmol/L，糖化血红蛋白降低7～10 mmol/mol（0.6%～0.9%）。SGLT2抑制剂降糖效果在HbA1c＜64 mmol/mol（8%）的患者中具有剂量依赖性，高剂量的SGLT2抑制剂降糖效果明显优于低剂量的SGLT2抑制剂。然而，在血糖控制不佳的患者中，高剂量和低剂量SGLT2抑制剂的降糖效果没有显示出统计学差异。这反映了SGLT2抑制剂的药动学作用。当葡萄糖滤过接近肾糖阈时，高剂量SGLT2抑制剂效果优于低剂量。然而，高水平HbA1c的糖尿病患者滤过葡萄糖的负荷大大超过了肾小管对葡萄糖重吸收的能力，因此SGLT2抑制剂的剂量效应就很难实现。对于血糖控制不佳的患者，可以开始使用小剂量的SGLT2抑制剂，在血糖控制中度升高水平时再使用大剂量制剂治疗可能有利于获得早期疗效并维持和促进后续的治疗效果。SGLT2抑制剂的降糖效果依赖于肾脏对葡萄糖的过滤；在相同血糖水平下，eGFR高的患者比eGFR低的患者过滤更多的葡萄糖进入尿液，当eGFR＜60 ml/（min·1.73m^2）时，SGLT2抑制剂的降糖作用减弱；当eGFR＜30 ml/（min·1.73m^2）时，SGLT2抑制剂的降糖作用几乎消失。SGLT2抑制剂促进尿糖的排泄不依赖于胰岛素，因此SGLT2抑制剂也可用于1型糖尿病。SGLT2抑制剂引起的2型糖尿病患者尿糖排泄增加和胰岛素敏感性改善，使其内源性胰岛素分泌轻度减少。

一、SGLT2 抑制剂对糖酵解的作用

最近的研究表明，糖尿病患者血浆乳酸水平会升高，而 SGLT2 抑制剂可减少血浆乳酸水平。SGLT2 抑制剂的保护作用可能是与抑制糖尿病状态下肾组织细胞的脂肪酸氧化转化为糖酵解代谢的代谢编程有关。此外，SGLT2 抑制剂通过阻断缺氧诱导因子 1α（hypoxia inducible factor-1α，HIF-1α）的积累来减少肾内缺氧，并防止 klotho 的减少，从而抑制糖酵解。抑制 SGLT2 产生的另一种保护作用是将燃料利用向脂肪为底物的方式转变，从而诱导脂肪分解和酮体生成增加。酮体含量的增加也表明脂肪酸 β- 氧化的增加和糖酵解速率的降低。AMP 依赖的蛋白激酶（AMP-activated protein kinase，AMPK）和去乙酰化酶 sirtuin-1 的激活可能是 SGLT2 抑制剂保护作用的机制。研究表明，SGLT2 抑制剂使用后，恢复了糖尿病肾脏中 sirtuin-3 水平，抑制 HIF-1α 表达，同时抑制糖酵解关键酶己糖激酶 2 的表达和丙酮酸激酶同工酶 M2 四聚体向二聚体的转化。

二、SGLT2 抑制剂对糖异生的作用

SGLT2 是一种低亲和力、高容量的葡萄糖转运体，主要表达于近端肾小管，约 90% 的肾脏葡萄糖重吸收由 SGLT2 介导。分布在近端肾小管远端的 SGLT1 负责剩余 10% 葡萄糖的重吸收。SGLT1 比 SGLT2 具有较高的亲和力，但其最大运输能力（V_{max}）较低。SGLT2 抑制剂的使用与内源性葡萄糖（EGP）产生的增加有关，定量补偿尿中葡萄糖损失约 50% 的程度。目前 SGLT2 抑制剂增加 EGP 的机制仍存在争议，普遍认为 SGLT2 抑制剂诱导的血浆胰高血糖素升高可能是 EGP 升高的原因。然而，在其他研究中，SGLT2 抑制剂的摄入量与血浆胰高血糖素水平升高之间没有发现关联性。胰高血糖素通过刺激肝脏葡萄糖输出来提高血糖水平，SGLT2 抑制剂介导的胰高血糖素升高，可能会降低降糖的最大功效，对空腹血糖控制良好的人可能是有益的，因其可以最大限度地降低低血糖风险。事实上，SGLT2 抑制剂诱发低血糖的风险普遍较低，刺激胰高血糖素分泌可能是部分原因。最近提出了一些假说来解释 SGLT2 抑制剂的使用和胰高血糖素分泌增加之间的联系。使用 SGLT2 抑制剂促进尿糖排泄后，可以导致多种糖代谢途径的代偿激活，可能是由于胰岛（抑制性）旁分泌信号的减少，以及由血糖水平下降触发的中枢信号，引起血浆胰高血糖素早期快速升高。在体外实验研究中，高剂量 SGLT2 抑制剂也可能直接作用于胰岛 A 细胞，以减少 SGLT1 依赖的葡萄糖摄取，并促进胰高血糖素的释放。胰岛素与胰高血糖素比值的降低，引起糖原分解和随后的糖异生导致肝葡萄糖产生（hepatic glucose production，HGP）的增加。随后，对葡萄糖生成增加的需求逐渐被其他代谢代偿取代，胰高血糖素、肝糖原和 HGP 恢复到正常水平。然而，在抑制 SGLT2 后，肾脏糖异生能力也会改变。胰岛素信号通路和近端肾小管重吸收的葡萄糖共同调控糖异生。在禁食状态下，由基底外侧表达的 IR/IRS 介导的抑制胰岛素信号增加叉头转录蛋白 O1（forkhead box protein O1，FoxO1）活性。同时，通过降低还原型辅酶和氧化型辅酶的比值（$NADH/NAD^+$ 比值），激活 sirtuin-1 和过氧化物酶体增殖物激活受体 γ 辅激活因子 1α（peroxisome proliferator-activated receptor gamma coactivator-1α，PGC1α）。这两种途径都会导致糖异生的增强。相反，在进食状态下，糖异生的益处及其调节的基因表达被激活的胰岛素信号和增加的葡萄糖重吸收所抑制。

三、SGLT2抑制剂对果糖代谢的作用

果糖是存在于水果和蜂蜜中的一种单糖，也是添加糖的主要成分。在过去的一个世纪中，果糖摄入量飙升与添加糖的总摄入量增加有关。在体内还可以通过激活多元醇途径中的醛糖还原酶（aldose reductase，AR）产生果糖。各种刺激都会增加AR的表达，包括缺血、缺氧、高血糖、高渗和高尿酸。虽然内源性果糖产量通常较低，但越来越多的证据表明，在糖尿病患者，以及在高糖类饮食、高盐饮食和饮酒的人群中，内源性果糖产量会增加。果糖在许多疾病中都有作用，包括肥胖、糖尿病、非酒精性脂肪肝、心脏病及肾脏疾病。这与果糖造成的氧化应激、内皮功能障碍、后叶加压素和尿酸生成有关。

糖尿病肾组织的缺血缺氧与果糖有关。果糖激酶存在于近端小管（S1～S3），近端小管中葡萄糖的大量转运会导致肾脏内源性果糖产量高。糖尿病状态下，葡萄糖通过醛糖还原酶转化为山梨醇。在近端小管中，山梨糖醇通过果糖激酶代谢可转化为果糖导致三磷酸腺苷（adenosine triphosphate，ATP）耗竭，促炎性细胞因子表达和氧化应激。通过果糖激酶代谢产生的内源性果糖在糖尿病肾病进展中的发挥重要作用。果糖激酶缺陷小鼠中糖尿病造成的蛋白尿、肾功能障碍、炎症反应明显减少。SGLT2抑制剂的主要作用之一是阻止近端小管S1和S2段葡萄糖的吸收，从而具备减少葡萄糖转化为果糖的作用。在果糖诱导的糖尿病大鼠模型中，达格列净还可以减少糖基化终末产物（advanced glycation end-products，AGEs），降低NADPH氧化酶，抑制活性氧自由基（reactive oxyenn species，ROS）产生。

第二节 SGLT2抑制剂与脂代谢

一、SGLT2抑制剂与血浆脂蛋白水平的变化

许多研究报道SGLT2抑制剂可以减少血清总胆固醇（total cholesterol，TC）和三酰甘油（triglycerides，TG）的水平。然而对于血清高密度脂蛋白胆固醇（high density lipoprotein cholesterol，HDL-C）和低密度脂蛋白胆固醇（low density lipoprotein cholesterol，LDL-C）的作用依然有争议。Calapkulu等报道达格列净治疗糖尿病患者6个月后血清LDL-C水平下降13.4mg/dl。然而在动物实验中，反义寡核苷酸敲低SGLT2或卡格列净治疗糖尿病小鼠后增加了血清低密度脂蛋白胆固醇。在糖尿病患者的研究中，Cha等也报道24周10mg达格列净治疗后血清LDL水平增加1.3 mg/dl，Schernthaner等也报道300mg的卡格列净治疗52周后LDL增加11.7%。Basu认为SGLT2抑制剂增加LDL-C的机制可能是由于脂蛋白脂肪酶（lipoprotein lipase，LpL）活性的增加，循环中低密度脂蛋白清除的减少所致。SGLT2抑制后降低了血管生成素样蛋白4（angiogenin-like protein 4，ANGPTL4）的表达，ANGPTL4是白色和棕色脂肪、骨骼肌和心脏组织中LpL的抑制剂。随着LpL活性的提高，TG和极低密度脂蛋白（very low density lipoprotein，VLDL）水平均降低。与对照组相比，LDL的转换明显延迟，这可能因为肝脏中LDL受体水平的降低，而血浆LDL主要由该受体清除。另一个重要因素是不同

LDL 亚类的比例。LDL 颗粒分为大（LDL Ⅰ）、中（LDL Ⅱ）、小（LDL Ⅲ）和极小（LDL Ⅳ）4 个亚类。LDL Ⅰ 和 LDL Ⅱ，也称为高密度 LDL，LDL Ⅲ 和 LDL Ⅳ 称为低密度 LDL 颗粒。由于低密度 LDL 循环时间比高密度 LDL 长，穿透动脉壁能力更强和更易氧化。修饰（氧化和糖基化）的 LDL 比天然的 LDL 分子具有更多的促炎特性。因此，低密度 LDL 更容易引起代谢紊乱、肥胖、2 型糖尿病和冠状动脉疾病。Hayashi 等的结果显示，2 型糖尿病患者接受达格列净治疗 12 周（5mg/d）后，低密度 LDL 降低，高密度 LDL 升高。这种对 LDL 亚类比率的影响可能在 SGLT2 抑制剂的心脏保护特性中发挥重要作用。

SGLT2 抑制剂也对高密度脂蛋白产生影响，Kamijo 等发现 2 型糖尿病患者服用 12 周 100mg 卡格列净后，极高密度脂蛋白和大高密度脂蛋白分别显著升高 10.9% 和 11.5%，也可能是 SGLT2 抑制剂对心血管保护作用机制之一。

二、SLGT2 抑制剂对酮体代谢的作用

酮体是脂肪氧化代谢过程的中间代谢产物，包括乙酰乙酸、β-羟基丁酸和丙酮。在健康人体中，少量的酮体以 78% 的 β-羟丁酸、20% 的乙酰乙酸和 2% 的丙酮的比例存在于血液中。SGLT2 抑制剂可以增加大鼠血液中 β-羟丁酸（β-hydroxybutyrate，βHB）水平。每日服用 25 mg 恩格列净 4 周，2 型糖尿病患者空腹 βHB 水平增加了 1 倍（从 0.25 mmol/L 到 0.56 mmol/L）。

尚不清楚 SGLT2 抑制剂治疗后循环中 βHB 水平升高的原因。SGTL2 抑制剂会增加全身脂肪酸氧化，而肝脏脂肪酸氧化的增加可能会增加酮体的合成。SGLT2 抑制剂也可以抑制心脏和肌肉酮体的氧化，导致血液酮体水平的增加。抑制 SGLT2 后胰岛素水平降低，导致脂肪分解、自由脂肪酸水平升高、脂肪氧化和 βHB 水平升高。但不能排除 SGLT2 抑制剂也会降低酮体在体内的清除率。

虽然增加的酮体氧化可以维持氧化代谢的燃料供应，但酮体氧化的慢性升高有可能导致不利后果。由于酮体氧化增加了乙酰辅酶 A 供应，可能会促进衰竭心脏线粒体蛋白的乙酰化增加。酮体氧化还可能导致三羧酸循环中间体的耗损，导致线粒体氧化磷酸化下降。值得注意的是，酮体被吹捧为一种"超级燃料"，βHB 燃烧每两个碳基提供的能量确实比葡萄糖或丙酮酸多，但实际上它产生的能量比长链脂肪酸少。相反，以每耗氧产生的 ATP（P/O 比）为基础，βHB 的代谢效率高于脂肪酸，但低于葡萄糖。由于脂肪酸、葡萄糖和 βHB 都在三羧酸循环乙酰辅酶 A 中相互竞争，增加 βHB 的代谢应该减少葡萄糖氧化。

尽管酮体代谢在 SGLT2 抑制剂介导的器官保护中的作用受到了广泛关注，但其确切作用长期以来一直存在争议。SGLT2 抑制剂促进睡眠期禁食小鼠酮体的产生，并产生肾脏保护作用，而在自由进食的小鼠中不能增加酮体的产生。并且 SGLT2 抑制剂在酮体生成障碍的 3-羟基 3-甲基戊二酰辅酶 A 合成酶（3-hydroxy-3-methylglutaryl-coerzyme A synthase 2）缺陷小鼠中没有保护作用。

三、SGLT2 抑制剂调节脂代谢的作用机制

二酰甘油酰基转移酶 2（diacylglycerol O-acyltransferase 2，DGAT2）是一种膜蛋白，

促进TG在脂滴中的合成和储存。CD36又称脂肪酸转位酶，位于细胞表面将脂肪酸导入细胞内。它也是B类清道夫受体家族的一员。CD36与多种配体相互作用，包括Ⅰ型和Ⅳ型胶原、氧化的LDL和长链脂肪酸。它也参与巨噬细胞的吞噬作用。CD36与配体结合后被内化，因此长链脂肪酸和氧化的LDL颗粒可以进入细胞。过氧化物酶体增殖物激活受体（peroxisome proliferator-activated receptor，PPAR）是一组核受体蛋白，作为转录因子调节基因的表达。PPAR有三种类型：α、γ和β/δ。PPAR-α主要在肝脏、肾脏、心脏、肌肉和脂肪组织中表达，它在能量剥夺的条件下被激活，是生酮过程所必需的。PPAR-α的激活通过上调参与脂肪酸结合和激活、过氧化物酶体和线粒体脂肪酸β氧化的基因，促进脂肪酸的摄取、利用和分解代谢。PPAR-γ调节脂肪酸储存和葡萄糖代谢。它能激活脂肪细胞中促进脂质摄取和脂肪生成的基因，并在脂肪细胞分化中发挥重要作用。PPAR-γ通过增加脂肪细胞中脂肪酸的储存、增强脂联素的释放、诱导成纤维细胞生长因子21（fibroblast growth factor 21，FGF21）和上调CD36来增加胰岛素敏感性。FGF21是一种禁食诱导的细胞因子，FGF21通过Ras/MAP激酶途径刺激脂肪细胞摄取葡萄糖。用卡格列净处理的小鼠肝脏和血清FGF21水平均显著升高。这表明卡格列净可能通过FGF21依赖的机制触发了一种类似于禁食的分解代谢，增加了脂肪脂解、肝脏脂肪酸氧化和酮体生成。此外，FGF21可以诱导中枢神经系统的交感神经激活，导致能量消耗和体重减轻。乙酰辅酶A羧化酶（acetyl-CoA carboxylase，ACC）是脂肪酸运输和氧化的关键分子之一，它将acetyl-CoA转化为丙二酰CoA。丙二酰CoA是一种肉碱棕榈酰转移酶1（carnitine palmityl transferase 1，CPT-1）的抑制剂，它将脂肪酸运输到线粒体中进行氧化。因此，ACC的失活促进脂肪酸的转运和随后的脂肪酸β氧化。AMPK可通过调节丙二酰辅酶A脱羧酶（malonyl-CoA decarboxylase，MCD）降低丙二酰辅酶A的水平。AMPK的另一个重要作用是磷酸化抑制胆固醇合成的关键酶-3-羟基-3-甲基戊二酰辅酶A还原酶（3-hydroxy-3-methylglutaryl coenzyme A reductase，MHGCR）。因此，AMPK可调节脂肪酸氧化和胆固醇的合成。哺乳类动物雷帕霉素靶蛋白（mammalian target of rapamycin，mTOR）是一种细胞能量传感器，负性调控AMPK。

卡格列净可以抑制肥胖小鼠DGAT2水平升高，增高PPAR-α水平，抑制PPAR-γ表达，抑制TG的合成和肝脂滴的积聚。Herrera等研究发现，恩格列净治疗6周后大鼠心房组织中CD36基因表达及蛋白水平显著降低，表明恩格列净可能部分通过CD36改善心脏中受损的基础自噬水平。Xu等的研究表明，恩格列净可提高骨骼肌AMPK和ACC磷酸化水平，并增加肝脏和血浆FGF-21水平。恩格列净还能增加棕色脂肪、腹股沟和附睾白色脂肪组织的能量消耗、产热和解偶联蛋白1（uncoupling protein，UCP1）的表达，M1型巨噬细胞聚集减少，血浆肿瘤坏死因子α（tumor neorosis factor α，TNFα）水平和肥胖相关慢性炎症降低。同样，Osataphan等研究发现卡格列净治疗肥胖小鼠后肝脏AMP显著增加，AMPK磷酸化。而其下游ACC的磷酸化并没有增加。在卡格列净处理的小鼠中，肝脏mTOR下游底物S6的磷酸化水平下降了56%。基因芯片结果发现卡格列净处理的小鼠肝脏胆固醇、脂肪生成、类固醇激素和维生素A和维生素D合成的相关基因表达下降，三羧酸循环和电子传递链途径的基因表达增加。有趣的是，*Cpt1a*、*Acadm*、*Acadl*、*Acadvl*、*Hmgcs2*等线粒体β-氧化或酮生成酶基因的表达无变化。给予

CPT1的抑制剂etomoxir后，卡格列净处理的小鼠对etomoxir不耐受，给药60分钟后发生低血糖和死亡。这些数据支持脂肪酸氧化是卡格列净治疗的重要机制。Osataphan也发现卡格列净可增加肝脏FGF21的表达，使血清FGF21水平升高，这与Xu等的结果一致。然而Osataphan发现卡格列净在WT和FGF21-KO小鼠的对肝脏脂质代谢转变作用相似，血浆酮类同样增加。PPARα和PGC1α均在肝脏中升高，与FGF21无关。认为卡格列净诱导的全身和肝脏脂质氧化代谢、生酮和转录调控的增加独立于FGF21的水平。

第三节　SGLT2抑制剂对氨基酸代谢的作用

在正常生理状态下，肾脏在氨基酸（amino acid，AA）的生物合成、重吸收和分解代谢中发挥着关键作用。为了维持AAs在血浆中的稳态，肾小管上皮细胞通过被动转运、扩散或由肾小管上皮细胞顶端/刷状边界膜上的高表达转运体进行的主动转运，从腔内重新吸收游离AAs。AAs进入肾小管上皮细胞，就可以参与肾脏糖异生过程。根据AAs代谢形成的产物类型，AAs被分为"生糖类"或"生酮类"。生成葡萄糖的AAs（如丙氨酸、精氨酸、天冬酰胺、天冬氨酸、半胱氨酸、谷氨酸、谷氨酰胺和甘氨酸）在三羧酸循环中被转化为丙酮酸或其中一种中间产物，而亮氨酸和赖氨酸则是严格意义上的生酮AAs，可以被分解为乙酰辅酶A。

摄入富含蛋白质的膳食后支链AAs（BCAAs）（缬氨酸、亮氨酸和异亮氨酸）可以被肾脏吸收。此外，肾脏产生的身体约1/3的亮氨酸，并通过调节BCAAs的蛋白质水解、摄取和氧化，维持BCAAs循环池的稳态。糖尿病患者和非糖尿病患者摄入高蛋白饮食会增加肾小管上皮细胞对AAs的重吸收压力，增加高滤过，从而加速慢性肾脏病的发展。这些不良结果归因于它们对肾脏细胞的直接作用，以及通过胰高血糖素、一氧化氮和血管紧张素Ⅱ的间接作用。然而在一些2型糖尿病的队列研究中发现，BCAAs水平的升高与终末期肾衰竭风险下降相关，这表明AAs对肾脏的影响是复杂的，其对慢性肾脏病进展的影响尚不清楚。

SGLT2抑制剂治疗不仅抑制糖尿病小鼠肾脏皮质AAs转运体Slc6a19和Slc7a8的表达增加，并可促进AAs降解酶的表达，从而共同抑制mTORC1信号的激活，延缓肾间质纤维化。恩格列净能够增加BCAAs降解产生的短链酰基肉碱，以及生酮氨基酸（赖氨酸）的降解，提高了β-羟丁酸的水平。值得注意的是，恩格列净还增强了尿素循环的中间代谢物，表明尿素循环被激活，从而证实了氨基酸利用的增加。机制上可能是恩格列净处理后胰高血糖素水平增加，促进氨基酸分解代谢。SGLT2抑制剂还可以促使BCAAs从肌肉转移到心脏和肾脏。对猪心肌梗死后心脏组织的代谢组学分析表明，SGLT2抑制剂治疗不仅增加了心脏BCAAs含量，通过增加心肌中支链α-酮酸脱氢酶复合物的活性，促进短链脂肪酸和（或）酮体的分解代谢。

第四节　SGLT2抑制剂对减重的作用

Chiang等研究了一种新型SGLT2抑制剂NGI001对高脂饮食诱导的肥胖小鼠和非酒精性脂肪性肝病（NAFLD）的影响。NGI001可以防止脂肪细胞肥大，抑制受损的葡萄糖代谢，调节与胰岛素抵抗相关脂肪因子的分泌。值得注意的是，NGI001抑制了肝脏脂质积聚和炎症反应，改善脂肪沉积，增加AMPK磷酸化，导致ACC磷酸化。阻断了脂肪组织中总脂肪的储存，减轻了TG在肝组织中的积累，器官重量也相应下降。有趣的是，他们发现粪便中的TG和胆固醇水平增加了。Yokono等研究了伊格列净对小鼠体重和身体成分的影响。发现尽管食物摄入量略有增加，4周的伊格列净治疗抑制了小鼠体重增长。体重的减少伴随着内脏和皮下脂肪的减少。伊格列净还降低了小鼠的呼吸交换率，降低了葡萄糖产热率，但增加了脂肪产热率，因此伊格列净主要促进脂肪酸替代葡萄糖作为能量来源。不同的SGLT2抑制剂如达格列净、卡格列净和恩格列净具有相似作用。因此SGLT2抑制剂在治疗过程中的体重下降可能是通过提高脂肪酸的利用而导致脂肪组织含量减少。

虽然SGLT2抑制剂没有被批准用于减肥治疗，但很明显，通过促进尿糖排泄，SGLT2抑制剂提供了减肥的可能。大量临床试验报道，SGLT2抑制剂使用与剂量依赖性的体重减轻有关。最初的体重下降可能很快，在开始治疗的7天内观察到体重下降了1kg，大多数研究报道，在治疗的最初6个月里，体重下降了2～3kg。与其他SGLT2抑制剂相比，高剂量的卡格列净可能会导致更多的体重下降。糖化血红蛋白基线水平最高的个体体重减轻幅度也更大，而那些基线血糖控制良好的个体体重减轻程度较低。也有研究认为体重减轻与基线体重指数、性别、种族或背景治疗无关。

第五节　SGLT2抑制剂与线粒体功能

有研究发现SGLT2抑制剂对线粒体功能的有利作用。在糖尿病肾病损伤过程中，肾小球高滤过增加了近端小管的滤液量，需要更多ATP进行重吸收。此外，高血糖会增加到达近端肾小管的葡萄糖量，导致SGLT2的表达增加。这反过来又迫使线粒体增加ATP的产生，导致ROS的产生增加。SGLT2抑制剂可抑制近端葡萄糖和钠的吸收，导致ATP消耗减少，从而发挥保护作用。此外，高糖刺激近端小管细胞4～8小时后，导致Bax向线粒体移位，凋亡指数增加，BCL-2表达下降。达格列净治疗后导致SGLT2下调，可以抑制高糖引起的凋亡反应，这表明SGLT2抑制剂可能保护线粒体代谢。

SGLT2抑制剂还可以促进心脏和肾脏线粒体生物合成。此外，SGLT2抑制剂激活HIF2α增强自噬和线粒体自噬，清除受损线粒体和过氧化物酶体。线粒体融合和裂变是线粒体维持形态、DNA完整性和参与代谢过程所必需的。融合依赖于线粒体融合蛋白（mitofusin，MFN）1或MFN2和动力蛋白家族GTPase视神经萎缩因子1（optic atrophy 1，OPA1），而动力蛋白相关蛋白1（dynamin-related proteins，DRP-1）是线粒体裂变所必需的。在高脂饮食的小鼠中，伊格列净改善了线粒体形态，恢复了肾小管细胞中线粒体生物合成能力，增加了MFN2和OPA1的表达，并抑制了氧化应激标志物8-oxo-2'-脱氧鸟苷的增高。Lee等也发现，恩格列净可以增加功能性线粒体的数量，降低了DRP1和MFN1的比值和8-oxo-2'-脱氧鸟苷的水平，并减少了线粒体和细胞质ROS的产生。SGLT2抑制剂保护糖尿病肾脏的作用与减少氧化应激有关。在1型糖尿病小鼠中，二氢乙啶检测发现达格列净抑制肾脏ROS的产生。此外，达格列净还能够抑制NADPH氧化酶4的表达。

线粒体钙摄取对于保持线粒体抗氧化能力和能量供应至关重要。心肌细胞通过肌膜 Na^+/Ca^{2+} 交换器和线粒体 Na^+/Ca^{2+} 交换器调控钙离子（Ca^{2+}）与钠离子（Na^+）的水平。心力衰竭与心肌细胞 Na^+/Ca^{2+} 交换功能受损有关。心力衰竭时胞质 Ca^{2+} 瞬间变化幅度和速度降低伴随着舒张期胞质 Ca^{2+} 和 Na^+ 浓度的升高。因此，衰竭的心肌细胞由于通过晚期 Na^+ 内流、肌膜 Na^+/H^+ 交换器（sodium/hydrogen exchanger，NHE）活性增强、Na^+/K^+-ATP 酶活性降低，以及在糖尿病心脏中 SGLT1 的表达和活性增加共同使心肌细胞内 Na^+ 浓度增加，低 Na^+ 浓度导致 Ca^{2+} 诱导的柠檬酸循环脱氢酶能力下降，而柠檬酸循环脱氢酶对保持抗氧化能力和使能量供应与能量需求相匹配至关重要。SGLT2 抑制剂还可以通过抑制 NHE 改善 Na^+/Ca^{2+} 交换功能，从而对衰竭的心肌细胞发挥保护作用。SGLT2 抑制剂调节的线粒体动力学（线粒体融合和裂变）也对心力衰竭产生保护作用，因为 Mfn1 和 Mfn2 下降导致线粒体融合障碍可以加重心脏功能异常。恩格列净激活 AMPK 可增加 $Drp1^{S637}$ 磷酸化的同时，降低 $Drp1^{S616}$ 磷酸化，从而抑制线粒体裂变。恩格列净还通过抑制 Fis1 表达和 ROS 的产生恢复 OLETF 糖尿病大鼠心脏线粒体的大小和数量，从而减少心肌梗死的面积。

SGLT2 抑制剂治疗后促使葡萄糖进入尿液引起急性能量损失，并造成葡萄糖驱动的渗透性利尿和失水，使个体容易脱水。这种急性能量和水分损失的结合触发了进化上的夏令代谢模式。骨骼肌作为一个能量和氮的储存库，在无法获得膳食蛋白质的情况下，通过提供能量和氮来维持必要关键的生存器官如肾脏、肝脏和心脏的代谢过程。在能量和水分损失的背景下，生糖和生酮氨基酸的代谢尤其重要。糖原和脂肪储存含大量能量丰富的燃料，可以弥补能量不足，但不能提供必要的氮产生有机渗透剂，以节约用水。相反，氨基酸可以提供必要的能量和氮来补偿葡萄糖尿诱导的能量和水分损失。

在 SGLT2 抑制后，肝脏可能优先合成酮体，而不是葡萄糖，并将其作为糖异生的底物来源。BCAAs 是一种特殊的燃料，专门为心脏和肾脏提供能量，而肝脏缺乏启动其分解代谢所需的转氨酶。因此在心脏中，SGLT2 抑制后 BCAAs 分解代谢促进以短链脂肪酸和酮体作为燃料来源。肾脏促进和增加尿素驱动的水的重吸收是浓缩尿液最有效的方式。这种节约用水的经济机制使得肾脏能够在降低代谢率的同时，通过氨基酸从头合成葡萄糖（肾糖异生）提高近端小管细胞产生更多葡萄糖燃料的能力。因此 SGLT2 抑制剂激活肝脏、心脏和肾脏等器官的上述代谢过程，节约能量，延长寿命，在一定程度上，是该类药物发挥心肝肾保护作用的代谢基础。

（江　蕾　田　汉）

参 考 文 献

Abbas NAT, El Salem A, Awad MM. Empagliflozin, SGLT2 inhibitor, attenuates renal fibrosis in rats exposed to unilateral ureteric obstruction: potential role of klotho expression. Naunyn Schmiedebergs Arch Pharmacol, 2018, 391（12）: 1347-1360.

Aragon-Herrera A, Feijoo-Bandin S, Otero Santiago M, et al. Empagliflozin reduces the levels of CD36 and cardiotoxic lipids while improving autophagy in the hearts of Zucker diabetic fatty rats. Biochem Pharmacol, 2019, 170: 113677.

Basu D, Huggins LA, Scerbo D, et al. Mechanism of increased LDL（Low-Density Lipoprotein）and decreased triglycerides with SGLT2 (Sodium-Glucose Cotransporter 2) inhibition. Arterioscler Thromb Vasc Biol, 2018, 38 (9): 2207-2216.

Bessho R, Takiyama Y, Takiyama T, et al. Hypoxia-inducible factor-1alpha is the therapeutic target of the SGLT2 inhibitor for diabetic nephropathy. Sci Rep, 2019, 9 (1): 14754.

Bjornstad P, Lanaspa MA, Ishimoto T, et al. Fructose and uric acid in diabetic nephropathy. Diabetologia, 2015, 58 (9): 1993-2002.

Bonner C, Kerr-Conte J, Gmyr V, et al. Inhibition of the glucose transporter SGLT2 with dapagliflozin in pancreatic alpha cells triggers glucagon secretion. Nat Med, 2015, 21 (5): 512-517.

Cai T, Ke Q, Fang Y, et al. Sodium-glucose cotransporter 2 inhibition suppresses HIF-1alpha-mediated metabolic switch from lipid oxidation to glycolysis in kidney tubule cells of diabetic mice. Cell Death Dis, 2020, 11 (5): 390.

Cai X, Yang W, Gao X, et al. The association between the dosage of SGLT2 inhibitor and weight reduction in type 2 diabetes patients: A meta-analysis. Obesity (Silver Spring), 2018, 26 (1): 70-80.

Calapkulu M, Cander S, Gul OO, et al. Lipid profile in type 2 diabetic patients with new dapagliflozin treatment: actual clinical experience data of six months retrospective lipid profile from single center. Diabetes Metab Syndr, 2019, 13 (2): 1031-1034.

Cha SA, Park YM, Yun JS, et al. A comparison of effects of DPP-4 inhibitor and SGLT2 inhibitor on lipid profile in patients with type 2 diabetes. Lipids Health Dis, 2017, 16 (1): 58.

Chae H, Augustin R, Gatineau E, et al. SGLT2 is not expressed in pancreatic alpha-and beta-cells, and its inhibition does not directly affect glucagon and insulin secretion in rodents and humans. Mol Metab, 2020, 42: 101071.

Chen YY, Wu TT, Ho CY, et al. Dapagliflozin prevents NOX-and SGLT2-dependent oxidative stress in lens cells exposed to fructose-induced diabetes mellitus. Int J Mol Sci, 2019, 20 (18): 4357.

Cherney DZI, Cooper ME, Tikkanen I, et al. Pooled analysis of Phase III trials indicate contrasting influences of renal function on blood pressure, body weight, and HbA1c reductions with empagliflozin. Kidney Int, 2018, 93 (1): 231-244.

Chiang H, Lee JC, Huang HC, et al. Delayed intervention with a novel SGLT2 inhibitor NGI001 suppresses diet-induced metabolic dysfunction and non-alcoholic fatty liver disease in mice. Br J Pharmacol, 2020, 177 (2): 239-253.

Daniele G, Solis-Herrera C, Dardano A, et al. Increase in endogenous glucose production with SGLT2 inhibition is attenuated in individuals who underwent kidney transplantation and bilateral native nephrectomy. Diabetologia, 2020, 63 (11): 2423-2433.

DeFronzo RA, Norton L, Abdul-Ghani M. Renal, metabolic and cardiovascular considerations of SGLT2 inhibition. Nat Rev Nephrol, 2017, 13 (1): 11-26.

Ferrannini E, Baldi S, Frascerra S, et al. Shift to fatty substrate utilization in response to Sodium-Glucose Cotransporter 2 inhibition in subjects without diabetes and patients with type 2 diabetes. Diabetes, 2016, 65 (5): 1190-1195.

Ferrannini E, Ramos SJ, Salsali A, et al. Dapagliflozin monotherapy in type 2 diabetic patients with inadequate glycemic control by diet and exercise: a randomized, double-blind, placebo-controlled, phase 3 trial. Diabetes Care, 2010, 33 (10): 2217-2224.

Ferrannini E. Sodium-glucose co-transporters and their inhibition: clinical physiology. Cell Metab, 2017, 26 (1): 27-38.

Haedersdal S, Lund A, Nielsen-Hannerup E, et al. The role of glucagon in the acute therapeutic effects of SGLT2 inhibition. Diabetes, 2020, 69 (12): 2619-2629.

Hatanaka T, Ogawa D, Tachibana H, et al. Inhibition of SGLT2 alleviates diabetic nephropathy by suppressing high glucose-induced oxidative stress in type 1 diabetic mice. Pharmacol Res Perspect, 2016, 4 (4): e00239.

Hayashi T, Fukui T, Nakanishi N, et al. Dapagliflozin decreases small dense low-density lipoprotein-cholesterol and increases high-density lipoprotein 2-cholesterol in patients with type 2 diabetes: comparison with sitagliptin. Cardiovasc Diabetol, 2017, 16 (1): 8.

Horton JL, Martin OJ, Lai L, et al. Mitochondrial protein hyperacetylation in the failing heart. JCI Insight, 2016, 2 (1): e8489.

Inagaki N, Kondo K, Yoshinari T, et al. Efficacy and safety of canagliflozin in Japanese patients with type 2 diabetes: a randomized, double-blind, placebo-controlled, 12-week study. Diabetes Obes Metab, 2013, 15 (12): 1136-1145.

Jhee JH, Kee YK, Park S, et al. High-protein diet with renal hyperfiltration is associated with rapid decline rate of renal function: a community-based prospective cohort study. Nephrol Dial Transplant, 2020, 35 (1): 98-106.

Ji W, Zhao M, Wang M, et al. Effects of canagliflozin on weight loss in high-fat diet-induced obese mice. PLoS One, 2017, 12 (6): e0179960.

Johnson RJ, Perez-Pozo SE, Sautin YY, et al. Hypothesis: could excessive fructose intake and uric acid cause type 2 diabetes? Endocr Rev, 2009, 30 (1): 96-116.

Kamijo Y, Ishii H, Yamamoto T, et al. Potential impact on lipoprotein subfractions in type 2 diabetes. Clin Med Insights Endocrinol Diabetes, 2019, 12: 1179551419866811.

Kappel BA, Lehrke M, Schutt K, et al. Effect of empagliflozin on the metabolic signature of patients with type 2 diabetes mellitus and cardiovascular disease. Circulation, 2017, 136 (10): 969-972.

Kogot-Levin A, Hinden L, Riahi Y, et al. Proximal tubule mTORC1 is a central player in the pathophysiology of diabetic nephropathy and its correction by SGLT2 inhibitors. Cell Rep, 2020, 32 (4): 107954.

Kovacs CS, Seshiah V, Swallow R, et al. Empagliflozin improves glycaemic and weight control as add-on therapy to pioglitazone or pioglitazone plus metformin in patients with type 2 diabetes: a 24-week, randomized, placebo-controlled trial. Diabetes Obes Metab, 2014, 16 (2): 147-158.

Kurinami N, Sugiyama S, Nishimura H, et al. Clinical factors associated with initial decrease in body-fat percentage induced by add-on sodium-glucose co-transporter 2 inhibitors in patient with type 2 diabetes mellitus. Clin Drug Investig, 2018, 38 (1): 19-27.

Lanaspa MA, Ishimoto T, Cicerchi C, et al. Endogenous fructose production and fructokinase activation mediate renal injury in diabetic nephropathy. J Am Soc Nephrol, 2014, 25 (11): 2526-2538.

Lee YH, Kim SH, Kang JM, et al. Empagliflozin attenuates diabetic tubulopathy by improving mitochondrial fragmentation and autophagy. Am J Physiol Renal Physiol, 2019, 317 (4): F767-F780.

Li J, Liu H, Takagi S, et al. Renal protective effects of empagliflozin via inhibition of EMT and aberrant glycolysis in proximal tubules. JCI Insight, 2020; 5 (6): e129034.

Maejima Y. SGLT2 inhibitors play a salutary role in heart failure via modulation of the mitochondrial function. Front Cardiovasc Med, 2019, 6: 186.

Martinez R, Al-Jobori H, Ali AM, et al. Endogenous glucose production and hormonal changes in response to canagliflozin and liraglutide combination therapy. Diabetes, 2018, 67 (6): 1182-1189.

Merovci A, Solis-Herrera C, Daniele G, et al. Dapagliflozin improves muscle insulin sensitivity but enhances endogenous glucose production. J Clin Invest，2014，124（2）：509-514.

Mizuno M，Kuno A，Yano T，et al. Empagliflozin normalizes the size and number of mitochondria and prevents reduction in mitochondrial size after myocardial infarction in diabetic hearts. Physiol Rep，2018，6（12）：e13741.

Mudaliar S，Alloju S，Henry RR. Can a shift in fuel energetics explain the beneficial cardiorenal outcomes in the EMPA-REG OUTCOME study? a unifying hypothesis. Diabetes Care，2016，39（7）：1115-1122.

Mudaliar S，Polidori D，Zambrowicz B. Sodium-glucose cotransporter inhibitors：effects on renal and intestinal glucose transport：from bench to bedside. Diabetes Care，2015，38（12）：2344-2353.

Nakagawa T，Tuttle KR，Short RA，et al. Hypothesis：fructose-induced hyperuricemia as a causal mechanism for the epidemic of the metabolic syndrome. Nat Clin Pract Nephrol，2005，1（2）：80-86.

Nilsson LM，Zhang L，Bondar A，et al. Prompt apoptotic response to high glucose in SGLT-expressing renal cells. Am J Physiol Renal Physiol，2019，316（5）：F1078-F1089.

Op den Kamp YJM，de Ligt M，Dautzenberg B，et al. Effects of the SGLT2 inhibitor dapagliflozin on energy metabolism in patients with type 2 diabetes：a randomized，double-blind crossover trial. Diabetes Care，2021，44（6）：1334-1343.

Osataphan S，Macchi C，Singhal G，et al. SGLT2 inhibition reprograms systemic metabolism via FGF21-dependent and-independent mechanisms. JCI Insight，2019，4（5）：e123130.

Packer M. Interplay of adenosine monophosphate-activated protein kinase/sirtuin-1 activation and sodium influx inhibition mediates the renal benefits of sodium-glucose co-transporter-2 inhibitors in type 2 diabetes：A novel conceptual framework. Diabetes Obes Metab，2020，22（5）：734-742.

Ramnanan CJ，Edgerton DS，Kraft G，et al. Physiologic action of glucagon on liver glucose metabolism. Diabetes Obes Metab，2011，13 Suppl 1：118-125.

Russell RR，3rd，Taegtmeyer H. Changes in citric acid cycle flux and anaplerosis antedate the functional decline in isolated rat hearts utilizing acetoacetate. J Clin Invest，1991，87（2）：384-390.

Santos-Gallego CG，Requena-Ibanez JA，San Antonio R，et al. Empagliflozin ameliorates adverse left ventricular remodeling in nondiabetic heart failure by enhancing myocardial energetics. J Am Coll Cardiol，2019，73（15）：1931-1944.

Suga T，Kikuchi O，Kobayashi M，et al. SGLT1 in pancreatic alpha cells regulates glucagon secretion in mice，possibly explaining the distinct effects of SGLT2 inhibitors on plasma glucagon levels. Mol Metab，2019，19：1-12.

Tahara A，Kurosaki E，Yokono M，et al. Effects of sodium-glucose cotransporter 2 selective inhibitor ipragliflozin on hyperglycaemia，oxidative stress，inflammation and liver injury in streptozotocin-induced type 1 diabetic rats. J Pharm Pharmacol，2014，66（7）：975-987.

Takagi S，Li J，Takagaki Y，et al. Ipragliflozin improves mitochondrial abnormalities in renal tubules induced by a high-fat diet. J Diabetes Investig，2018，9（5）：1025-1032.

Tomita I，Kume S，Sugahara S，et al. SGLT2 inhibition mediates protection from diabetic kidney disease by promoting ketone body-induced mTORC1 inhibition. Cell Metab，2020，32（3）：404-419 e6.

Uthman L，Baartscheer A，Bleijlevens B，et al. Class effects of SGLT2 inhibitors in mouse cardiomyocytes and hearts：inhibition of Na（＋）/H（＋）exchanger，lowering of cytosolic Na（＋）and vasodilation. Diabetologia，2018，61（3）：722-726.

Vergari E，Knudsen JG，Ramracheya R，et al. Insulin inhibits glucagon release by SGLT2-induced stimulation of somatostatin secretion. Nat Commun，2019，10（1）：139.

Vidali S，Aminzadeh S，Lambert B，et al. Mitochondria：The ketogenic diet--A metabolism-based thera-py. Int J Biochem Cell Biol，2015，63：55-59.

Wang MY，Yu X，Lee Y，et al. Dapagliflozin suppresses glucagon signaling in rodent models of diabe-tes. Proc Natl Acad Sci U S A. 2017，114（25）：6611-6616.

Welsh P，Rankin N，Li Q，et al. Circulating amino acids and the risk of macrovascular，microvascular and mortality outcomes in individuals with type 2 diabetes：results from the ADVANCE trial. Diabetolo-gia，2018，61（7）：1581-1591.

Xu L，Nagata N，Nagashimada M，et al. SGLT2 inhibition by empagliflozin promotes fat utilization and browning and attenuates inflammation and insulin resistance by polarizing M2 macrophages in diet-induced obese mice. EBioMedicine，2017，20：137-149.

Yokono M，Takasu T，Hayashizaki Y，et al. SGLT2 selective inhibitor ipragliflozin reduces body fat mass by increasing fatty acid oxidation in high-fat diet-induced obese rats. Eur J Pharmacol，2014，727：66-74.

Zaccardi F，Webb DR，Htike ZZ，et al. Efficacy and safety of sodium-glucose co-transporter-2 inhibitors in type 2 diabetes mellitus：systematic review and network meta-analysis. Diabetes Obes Metab，2016，18（8）：783-794.

Zhou H，Wang S，Zhu P，et al. Empagliflozin rescues diabetic myocardial microvascular injury via AM-PK-mediated inhibition of mitochondrial fission. Redox Biol，2018，15：335-346.

第五章

SGLT2抑制剂在2型糖尿病中的应用

传统的2型糖尿病治疗药物以小分子口服药物为主，磺脲类、格列奈类、双胍类、α-糖苷酶抑制剂、噻唑烷二酮类都是2型糖尿病的常用治疗药物，但是，这些药物在使用中随着时间的推移，疗效逐渐下降，而且大部分药物的使用是建立在患者尚存一定的胰岛功能基础上，然而随着2型糖尿病病程的进展，胰岛功能逐渐衰退，这些药物的疗效有限，且存在一定的副作用，更不能改善心血管预后及延缓糖尿病肾损害进展。因此，研制疗效更高、毒副作用小及不完全依赖胰岛功能发挥降糖作用的药物非常有必要。科研工作者们在根皮苷的结构基础上，通过不断的基团改造和探索，历经近200年，成功开发出了高效稳定的新型降糖药物钠-葡萄糖共转运体（sodium-glucose co-transporter，SGLT）抑制剂。SGLT2抑制剂，具有独特的病理生理作用机制，完全独立于胰腺B细胞分泌或胰岛素敏感性，抑制肾脏葡萄糖的摄取，降低肾糖阈而促进尿葡萄糖排泄，从而达到降低血液循环中葡萄糖水平的作用。其独特的作用机制为糖尿病患者带来了新的选择，为临床医师提供了新的降糖手段。2011年起，SGLT2抑制剂陆续在全球上市（2011年达格列净率先在欧洲上市。2017年达格列净、恩格列净在中国上市，2018年卡格列净在中国上市）。基于SGLT2抑制剂上市后在临床使用中观察到的降糖以外的心血管和肾脏获益，这类药物已成为医药领域的研究热点之一。SGLT2抑制剂单药治疗2型糖尿病的有效性在大多数研究中均观察至少12周，发现糖化血红蛋白（HbA1c）明显下降。而且在基础HbA1c水平较高的人群中，HbA1c的下降更明显。达格列净、卡格列净、恩格列净是目前研究较为深入并已应用于临床的SGLT2抑制剂。单独使用SGLT2抑制剂或者联合双胍类、噻唑烷二酮类、磺脲类、二肽基肽酶-4（DDP-4）抑制剂等降糖药物，均可改善2型糖尿病患者的高血糖，降低空腹、餐后血糖及HbA1c水平。本章主要回顾SGLT2抑制剂在2型糖尿病中的价值、获益和潜在风险。

第一节　SGLT2抑制剂降糖证据链不断完善

三种SGLT2抑制剂相关的研究包括达格列净的DECLARE，恩格列净的EMPA-REG OUTCOME和卡格列净的CANVAS研究均为其降糖疗效提供充足证据。目前临床上应用的卡格列净100mg、达格列净10mg与恩格列净25mg的24小时尿葡萄糖排泄量分别达到100g、70g、64g。其中，卡格列净降糖作用最强，包括显著降低2型糖尿病患者的HbA1c和空腹血糖（图5-1）。

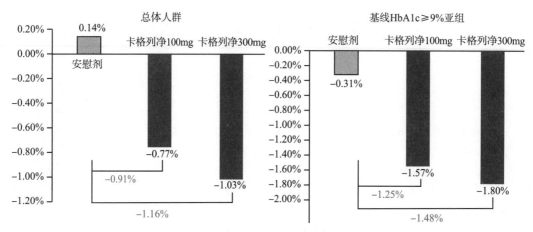

图5-1　卡格列净降低HbA1c可高达1.48%

第二节　SGLT2抑制剂在2型糖尿病中的获益

除降糖疗效外，降糖药物与心血管不良事件的关系也颇受关注。早在2008年，美国食品药品监督管理局（FDA）即制定了评估降糖药物心血管安全性的行业标准，要求企业应当确保新型降糖药物不会导致心血管风险明显升高。SGLT2抑制剂在2型糖尿病中已显示出对心血管的有益影响，大大降低2型糖尿病患者主要心血管事件、心血管死亡、因心力衰竭住院风险。上述效应主要在已合并心血管疾病的2型糖尿病患者中观察到，此外SGLT2抑制剂还能延缓慢性肾脏疾病的发展，并且有减轻体重、降低血压和尿酸等作用。

一、心血管获益

SGLT2抑制剂对合并或不合并2型糖尿病的患者均可产生心血管保护作用。在患有2型糖尿病和急性脑血管病的患者中，SGLT2抑制剂与主要不良心血管事件（MACE）风险降低相关。

心力衰竭和2型糖尿病之间存在一些共同的病理生理学机制，二者常合并存在，导致患者的结局更差。根据美国心脏协会（AHA）的数据，2型糖尿病患者患心力衰竭的比例是健康人的2～4倍。而且心力衰竭本身也是2型糖尿病的一个危险因素，胰岛素抵抗通常是两者之间的关联机制。耶鲁大学医学院Silvio E.Inzucchi教授表示，胰岛素抵抗可以导致糖尿病，糖尿病会增加心力衰竭的风险，心力衰竭会加剧胰岛素抵抗，使糖尿病更加难以控制，形成恶性循环。

DECLARE-TIMI 58临床研究是一项三期、随机、双盲、安慰剂对照的多中心研究，旨在评估达格列净对既往有心血管疾病（CVD）或伴有心血管（CV）风险因素的2型糖尿病患者心血管结局的作用，结果显示：达格列净可显著降低2型糖尿病患者CV死亡或心力衰竭住院风险17%，降低心力衰竭住院风险27%。

　　DAPA-HF研究、EMPEROR-Reduced研究等相继出现，进一步"挖掘"SGLT2抑制剂在合并/不合并糖尿病的心衰患者中的应用价值。DAPA-HF和EMPEROR-Reduced两项大型、多中心、随机对照研究分别评价了达格列净和恩格列净对射血分数下降的心力衰竭（HFrEF）患者临床结局的影响。研究纳入了合并或不合并2型糖尿病的心力衰竭患者，这些研究对象的纽约心功能分级（NYHA）为Ⅱ～Ⅳ级，伴有左室射血分数（LVEF）减低（≤40%）和钠尿肽水平升高。所有患者均接受了完善的心力衰竭基础治疗。其中，DAPA-HF试验结果显示，无论是否合并糖尿病，达格列净均可使心力衰竭患者发生心血管死亡或心力衰竭恶化风险下降26%，提示上述临床获益与该药物的降糖作用无关；同时，EMPEROR-Reduced试验结果显示，无论是否合并糖尿病，慢性射血分数减低的心力衰竭患者在标准治疗基础上应用恩格列净治疗均能显著降低心血管死亡或因心力衰竭住院风险。在这两项研究中，应用SGLT2抑制剂后，患者的心血管死亡和因心力衰竭住院的复合终点事件风险降低25%，在症状、身体功能和生活质量方面也观察到了获益。值得注意的是，无论是否合并2型糖尿病，患者在应用SGLT2抑制剂后，均存在心血管获益（表5-1）。自EMPA-REG OUTCOME发布以来，SGLT2抑制剂已成为治疗心力衰竭的基础用药。在恩格列净、达格列净、卡格列净和埃格列净的所有心血管结局试验中，接受这些药物的患者心力衰竭住院率显著降低了30%～35%。

表5-1　DAPA-HF和EMPEROR-Reduced实验中，无论是否合并T2DM，SGLT2抑制剂对心力衰竭和肾功能均有保护作用

	DAPA-HF 研究		EMPEROR-Reduced 研究	
	非T2DM	T2DM	非T2DM	T2DM
主要结局 HR	0.73 （CI 0.63～0.9）	0.75 （CI 0.6～0.88）	0.78 （CI 0.64～0.97）	0.71 （CI 0.60～0.87）
HF 恶化 HR	0.7 （CI 0.59～0.85）*		0.65 （CI 0.5～0.84）	0.76 （CI 0.57～1.01）
eGFR 斜率 ［ml/（min·1.73m²）·年］	-1.09*		-1.7	-2.7

*与安慰剂组比较，$P < 0.001$

　　出乎意料的是，对于基线时不合并2型糖尿病的患者（约占60%），达格列净同样具有保护作用。这些益处在EMPEROR试验中进一步得到了证实。该试验入选了3730例心力衰竭（NYHA分级Ⅱ～Ⅳ级）且射血分数低于40%的患者，随机分组接受10 mg恩格列净或安慰剂治疗。在16个月的中位随访期间，主要终点事件（心血管死亡和心力衰竭住院）减少了25%（HR 0.75，95%CI 0.65～0.86）。该研究中，只有49.8%的人患有2型糖尿病，无论是否存在2型糖尿病，主要终点事件都是显著减少的，再次证实了SGLT2抑制剂能够降低全因死亡率（HR 0.69，95%CI 0.53～0.88），减少因心力衰

竭或心血管死亡而住院（HR 0.71，95%CI 0.55 ～ 0.92 ）。

SGLT2抑制剂心血管获益的机制包括利尿降压、控制血糖、减轻体重、提高红细胞质量及血细胞比容。近几年研究认为其机制涉及心肌细胞钙处理、心肌能量增强、自噬激活和心外膜脂肪减少（图5-2），未来的研究方向还包括心脏重塑（NCT03871621）、脂解作用和心外膜脂肪厚度及性质的改变（NCT04219124，NCT04167761和NCT02235298）、心肌钙处理（NCT04591639）和内生酮生成（NCT03852901，NCT04219124 ）等。

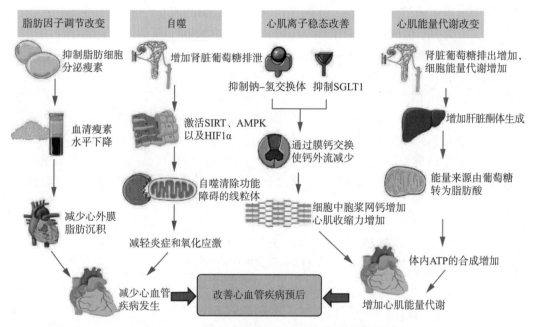

图 5-2　SGLT2抑制剂缓解心力衰竭机制的示意图

AMPK. 腺苷一磷酸激活蛋白激酶；ATP. 三磷酸腺苷；HIF1α. 缺氧诱导因子 1α；SGLT. 钠 - 葡萄糖共转运体；SIRT.sirtuin

二、肾脏获益

SGLT2抑制剂具有肾脏保护作用，为2型糖尿病肾损伤患者应用SGLT2抑制剂提供依据。

DECLARE-TIMI 58三期临床研究中，达格列净使2型糖尿病患者发生肾脏复合终点事件的风险降低47%，肾功能恶化或肾衰竭死亡的发生率显著下降（HR 0.56，95%CI 0.45 ～ 0.68），新发糖尿病肾病的数量明显下降，实现了预防、逆转和延缓糖尿病慢性肾脏病进展。无论是否合并动脉粥样硬化性心血管疾病、任何肾小球滤过率（eGFR）水平和尿微量白蛋白/肌酐比值（UACR）水平的患者均可获益。DAPA-CKD研究纳入伴或不伴2型糖尿病的慢性肾脏病患者，在应用肾素-血管紧张素-醛固酮系统（RAAS）抑制剂治疗的基础上，达格列净治疗后，患者复合终点事件〔eGFR持续下降≥50%、终末期肾病（ESKD）、肾脏死亡或心血管死亡〕发生风险下降39%。

CAVER-R试验中，卡格列净延缓蛋白尿的进展（HR 0.73，95%CI 0.67～0.79）。将eGFR降低、需要肾脏替代治疗或糖尿病肾病患者因肾脏原因死亡作为复合终点事件，应用卡格列净显著减少了复合终点事件的发生（HR 0.60，95%CI 0.47～0.77）。虽然SGLT2抑制剂的降糖作用在肾功能受损的患者中有所减弱，但其肾脏保护效应仍被保留。此外，纳入eGFR低至25ml/（min·1.73m^2）患者的研究表明，即使在没有2型糖尿病的情况下，SGLT2抑制剂用于肾功能3b期的慢性肾脏病患者也是安全的。CREDENCE研究在4401例合并慢性肾脏病的2型糖尿病患者中，证实卡格列净治疗可显著降低肾脏硬终点风险达30%。

三、降低血压

SGLT-2抑制剂对血压的影响机制仍不清楚，可能是与其促进钠离子向远曲小管的输送，增加尿钠排出、减少水钠潴留、降低血容量，产生渗透性利尿有关。

1. SGLT2抑制剂对诊室外血压的影响　越来越多的证据表明SGLT2抑制剂影响诊室外血压。在SACRA研究中，恩格列净治疗2型糖尿病合并夜间高血压不受控制患者，12周结果显示不论患者年龄大小均可降低夜间非卧床收缩压（SBP），＜75岁的患者降低7.9 mmHg，≥75岁的患者降低4.2 mmHg；24小时平均SBP分别降低了11.0 mmHg和8.7 mmHg。

另一项关于恩格列净的研究，在2型糖尿病合并高血压的黑种人患者中，经过12周和24周恩格列净治疗，24小时动态SBP显著下降。此外，最近一项达格列净动态血压监测研究显示，24小时肱动脉收缩压显著降低［恩格列净组：均数±标准差，（-5.8±9.5）mmHg，安慰剂组：（-0.1±8.7）mmHg；P＝0.005］。

2. SGLT2抑制剂对家庭血压的影响　SGLT2抑制剂显著降低2型糖尿病患者家庭血压也有报道。在SACRA研究中，与安慰剂组相比恩格列净降低家庭血压7.5 mmHg；SHIFT-J研究显示卡格列净降低日本2型糖尿病患者夜间家庭血压。

3. SGLT2抑制剂对难治性高血压的作用　在对CREDENCE试验的分析中，观察到卡格列净对难治性高血压患者具有降低血压的作用。然而，接受盐皮质激素受体拮抗剂治疗的患者被排除在CREDENCE试验之外，SACRA研究中也没有参与者接受盐皮质激素受体拮抗剂治疗，而盐皮质激素受体拮抗剂被认为是治疗顽固性高血压的基石。

与SGLT2抑制剂类似，盐皮质激素受体拮抗剂不仅具有利尿作用，而且具有血管保护和交感抑制作用。在24小时基线血压水平较高患者中进行的研究揭示，SGLT2抑制剂降低24小时动态收缩压的效果似乎与螺内酯（盐皮质激素受体拮抗剂）在抗高血压的PATHWAY-2研究中效果相似，然而，在这一人群中，SGLT2抑制剂似乎比盐皮质激素受体拮抗剂更有优势，尤其是副作用明显减少。

SGLT2抑制剂可适度降低血压，降压作用更可能继发于内皮功能的改善、动脉僵硬度的降低和交感神经活动的变化。

四、减轻体重

SGLT2抑制剂除了上述获益外,同时还具有降低2型糖尿病患者体重的作用。研究显示,在应用SGLT2抑制剂的2型糖尿病患者中,体重减轻总量为2.7kg;同时,对于糖尿病前期患者,体重同样出现了下降。

以卡格列净为例,其Ⅲ期临床研究显示,经过26周治疗后,卡格列净可降低2型糖尿病患者体重达2.5 kg,联合二甲双胍治疗104周可持续减重>4%体重。一项纳入448例2型糖尿病患者的真实世界研究结果显示,在随访9个月期间,卡格列净治疗较GLP-1受体激动剂(GLP-1RA)减重效果更持久(图5-3)。

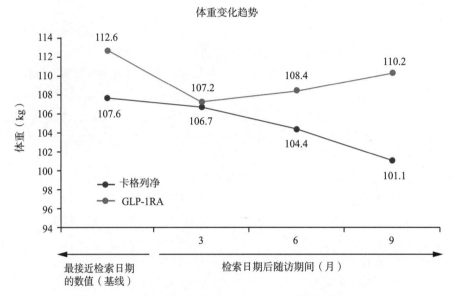

图5-3　9个月卡格列净治疗比GLP-1RA减重效果更持久

SGLT2抑制剂治疗后机体发生能量及水代谢方式的改变,可以显著增加尿液中Na^+和葡萄糖的排泄,同样可以诱导类似于"休眠"的节水反应,以减少Na^+和葡萄糖诱导的渗透性利尿。相应地,肝脏、心脏和肾脏的能量消耗可能会减少,以补偿尿中葡萄糖的能量损失。SGLT2抑制剂使用后能量损失增加且发生渗透性利尿,这种状态下能量消耗增加,为了适应这种反应,体内能量代谢模式发生改变,启动"葡萄糖-氨基酸"循环途径。在不同的器官中,如心脏、肝脏、肾脏及骨骼肌中发生分解及合成代谢方式改变(图5-4),最后表现为能量负平衡,从而达到体重下降的效果,并在一定程度上延长了上述组织细胞的寿命。

五、降低尿酸

SGLT2抑制剂产生的糖尿效应促进尿酸排泄。Caulfield等研究发现,SGLT2抑制剂治疗导致尿中葡萄糖排泄增加,肾小管细胞顶端膜尿酸交换增加,血尿酸排泄增多,因而血尿酸水平下降。Davies MJ等分析了卡格列净试验中2型糖尿病患者的高尿酸血症亚

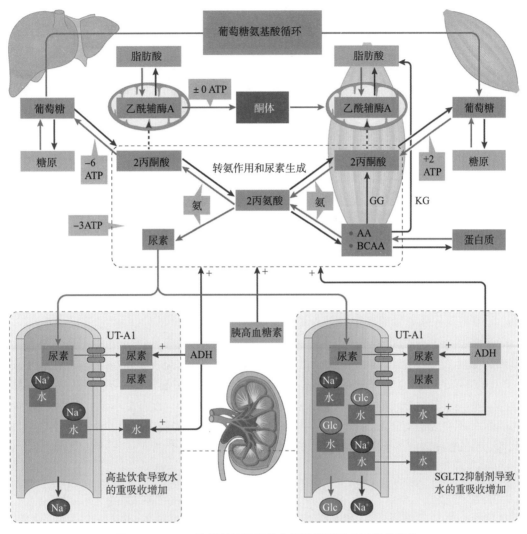

图 5-4　SGLT2 抑制剂使用后体内能量代谢及水平衡的变化

AA. 氨基酸；ADH. 抗利尿激素；ATP. 三磷酸腺苷；Glc. 葡萄糖；SGLT2. 钠－葡萄糖共转运体；UT-A1. 尿酸转运体 -A1

组（基线血清尿酸≥475 μmol/L）。发现用药26周后，与安慰剂相比，卡格列净 100mg 和 300 mg 使血清尿酸降低约 13%。

　　Chino 等分析了健康志愿者口服 SGLT2 抑制剂鲁格列净后的血尿酸和尿尿酸排泄率，并未发现 SGLT2 抑制剂与尿酸转运体之间存在直接的相互作用，采用表达葡萄糖易化转运蛋白9（GLUT9）亚型2的爪蟾卵母细胞进行体外实验，用不同浓度的 D- 葡萄糖刺激，当 D- 葡萄糖浓度达到 10 mmol/L 时，尿酸排泄显著增多，表明近端肾小管腔内葡萄糖的排泄增多时，可能通过 GLUT9 亚型 2，促进细胞内尿酸盐的交换，使尿酸分泌增加。事实上，当 eGFR 下降时 [＜60 ml/（min·1.73 m²）]，随着尿糖的排泄减少，SGLT2 抑制剂的降尿酸效应也逐渐减弱。除此之外，Kimura 等发现 GLUT9 亚型 2 在集合管中也有表达，可能介导尿酸的重吸收。SGLT2 抑制剂抑制肾小管重吸收葡萄糖，导致尿中葡萄糖增加，继而抑制集合管中尿酸的重吸收。

尽管葡萄糖对近端肾小管尿酸盐重吸收的直接抑制作用已被证实，SGLT2抑制剂还能够间接调节尿酸转运蛋白（URAT1）。SGLT2抑制剂改善血糖控制，降低内源性胰岛素的释放，减少URAT1介导的肾尿酸再吸收，促进了尿酸的排泄。

SGLT2抑制剂降低血尿酸的作用提示，该类药物对高尿酸的糖尿病患者是有益的。至于血尿酸水平下降的机制，仍有许多问题有待进一步研究。

总之，SGLT2抑制剂在合并动脉粥样硬化性心血管疾病（ASCVD）或有高危因素、心力衰竭和CKD的2型糖尿病患者中的治疗价值已有目共睹。

第三节　SGLT2抑制剂在2型糖尿病中的潜在风险

SGLT2抑制剂是近年来备受关注的一类新型降糖药物，主要是通过SGLT2抑制肾脏对葡萄糖的重吸收，促进尿糖排泄，具有良好的降糖效果和心肾获益优势，得到了国内外指南的一致推荐。众多大型研究结果和上市后的数据显示，SGLT2抑制剂是相对安全的，大多数不良反应与该类药物的作用机制相关，通常耐受性良好。然而，SGLT2抑制剂在2型糖尿病患者的治疗中仍然需要考虑潜在的风险。

根据医学科学组织委员会工作组的定义和文献中的现有证据，可将不良事件分为非常频繁（发生率≥10%）、频繁（≥1%和<10%）、不常见（≥0.1%和<1%）、罕见（≥0.01%和<0.1%）和非常罕见（<0.01%）。SGLT2抑制剂常见的不良反应包括泌尿生殖道感染、低血糖（联合使用胰岛素或胰岛素促泌剂时）、血容量不足；急性肾损伤，不常见的不良反应有正常血糖性酮症酸中毒，癌症尤其是膀胱癌风险，骨折及下肢截肢风险，Fournier坏疽（会阴部坏死性筋膜炎）（图5-5）。

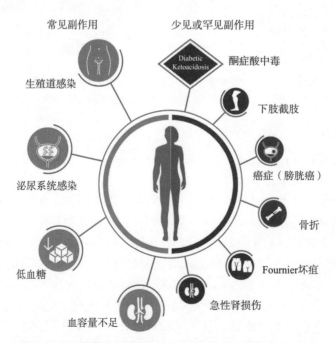

图5-5　钠-葡萄糖共转运蛋白2抑制剂潜在相关的不良反应

一、泌尿生殖系统感染（频繁到非常频繁）

由于SGLT2抑制剂特殊的降糖作用机制——抑制肾脏对葡萄糖的重吸收，促使过量的葡萄糖从尿液中排出，导致糖尿病患者尿糖浓度明显升高，为细菌的生长繁殖提供了潜在可能。泌尿生殖系统感染风险增加是SGLT2抑制剂明确的不良反应。SGLT2抑制剂可以使泌尿系统感染风险增加约50%，生殖系统感染风险增加约4倍，尤其在老年人或体质衰弱的患者中应用时，必须考虑这种感染风险。

大多数由SGLT2抑制剂引起的泌尿系统感染属于轻至中度，2015年12月，FDA报道了19例危及生命的血液感染和肾脏感染病例，19例患者全部住院治疗，少数需要进入重症监护室或透析治疗肾衰竭。关于肾盂肾炎和复杂的尿路感染（尿脓毒症）的报道促使欧洲药品管理局（EMA）和FDA发布了关于SGLT2抑制剂增加尿路感染风险的警告。

SGLT2抑制剂与生殖器真菌感染的风险增加相关，在接受SGLT2抑制剂治疗的患者中，女性的生殖器真菌感染的发生率比男性高，一般是轻度或中度，对标准的抗真菌治疗有效。

与使用SGLT2抑制剂相关的泌尿生殖系统感染的不良事件中，61.73%发生在女性，明显高于男性（28.50%），可能与以下因素有关：①女性特殊的生理和解剖结构，泌尿生殖道环境和pH改变更容易引起尿路感染；②女性泌尿生殖道血液循环与男性不同，使用相同剂量时，局部血药浓度可能存在差异；③女性早期泌尿生殖道感染后症状轻微或无症状，常被忽视，未能及时治疗。

然而，SGLT2抑制剂相关的泌尿生殖系统感染风险的报道仍存在争议。一项包含110项试验的大型荟萃分析表明，SGLT2抑制剂不增加泌尿系统感染风险。需要大规模、有组织的流行病学研究进一步揭示其中的关联。

因此，为防止泌尿道感染，SGLT2抑制剂在临床应用时往往需要关注以下问题，半年内反复泌尿生殖系统感染者不推荐使用；注意个人外阴部卫生，适量增加饮水；使用中，尤其第1个月，关注泌尿及生殖系统感染症状和体征；如发生感染并需要抗感染治疗时应暂停SGLT2抑制剂，感染治愈后，依病情再考虑是否继续使用。

二、低血糖（频繁）

SGLT2抑制剂的作用机制为非胰岛素依赖性的，故单药治疗不增加低血糖发生风险得益于肾脏SGLT1具有持续的葡萄糖重吸收，以及不受SGLT2抑制影响的代谢反调节机制（即胰岛素释放减少和胰高血糖素释放增加导致肝脏糖异生增加）。与二甲双胍、DPP-4抑制剂、噻唑烷二酮类等药物联合使用时，低血糖发生的风险也没有明显增加；然而，与胰岛素或胰岛素促泌剂（格列奈类、磺脲类）联合使用时低血糖发生风险增加。低血糖发作时应按照标准方案处理，口服或静脉注射葡萄糖，可保留SGLT2抑制剂，并调整其他降糖药物的剂量。

建议以SGLT2抑制剂作为胰岛素或磺脲类药物补充剂开始治疗的2型糖尿病患者，应提前减少胰岛素或磺脲类药物剂量。建议在启用SGLT2抑制剂时，尤其是当基线HbA1c正常或患者存在低血糖病史时，减少50%的磺脲类或格列奈类药物剂量或20%

的基础胰岛素剂量。

三、血容量不足（频繁）

SGLT2抑制剂与血容量不足相关不良事件（包括低血压、晕厥和脱水）的风险增加相关。抑制SGLT2造成尿液中能量（以葡萄糖的形式）和溶质（以钠及其伴随阴离子的形式）的大量丢失，导致葡萄糖驱动的渗透性利尿引发水分的丢失，细胞外液容量明显减少，血压下降3～6 mmHg。SGLT2抑制剂可能引起症状性低血压或脱水（发生率为1.2%～1.5%），尤其是老年患者或同时服用利尿剂的患者。

SGLT2抑制剂最值得关注的不良反应是其对心血管系统和肾脏的影响。虽然其渗透性利尿和降低血容量的作用对2型糖尿病心血管高危患者有益，但GFR＜60 ml/（min·1.73m²）的患者在同时使用利尿剂或其他具有类似作用的药物时，极有可能发生症状性低血压，尤其是老年人以及基础血压较低者。初期用药时应注意避免发生直立性低血压和脱水，脱水可能导致血栓栓塞（如脑梗死），同时脱水还可能发生急性肾损伤，尤其同时使用利尿剂、血管紧张素转化酶抑制剂（ACEI）、血管紧张素受体阻滞剂（ARB）和非甾体抗炎药物（NSAID）者。

建议开始使用SGLT2抑制剂治疗前，评估并适当纠正患者的容量状态。治疗期间监测患者的低血压体征和症状，对于出现低血压或脱水症状或体征的患者，可考虑暂停SGLT2抑制剂。年龄≥75岁的老年患者、65～74岁伴有老年综合征（如肌肉减少、认知能力下降和日常生活能力下降）及可能发生体液流失者，需谨慎使用SGLT2抑制剂，同时还应密切关注这些人群的体液流失情况，特别是在使用SGLT2抑制剂早期，并确保用药期间定期饮用适量的水。此外，出现发热、腹泻/呕吐、厌食不能保证充足进食者，建议停用SGLT2抑制剂。

四、急性肾损伤（频繁）

SGLT2抑制剂上市后很快有消息称其可能增加急性肾损伤（AKI）风险。

FDA不良事件报告系统（FAERS）的数据库资料显示，2013年1月至2016年9月，有18 915份报告涉及使用SGLT2抑制剂，其中1224例与AKI相关（6.4%），96.8%的病例将SGLT2抑制剂定义为不良事件的"主要"或"次要"原因。使用SGLT2抑制剂的患者中报告发生AKI的比例显著高于未使用SGLT2抑制剂的2型糖尿病患者（OR 1.68，95%CI 1.57～1.8，$P<0.001$）。在SGLT2抑制剂中，相比恩格列净（4.7%）和达格列净（4.8%），卡格列净组急性肾衰竭的报告比例更高（7.3%，$P<0.001$）。据此，2015年10月和2016年6月，加拿大卫生部和FDA分别发布卡格列净和达格列净初始治疗可引发AKI的安全警示。Perlman等又分析了2017年1月至2019年7月提交给FAERS的2597例AKI报告，其中卡格列净占80%，恩格列净占13%，达格列净占7%。与2013—2016年的报告相比，卡格列净相关的AKI的报告增加最多，从7.3%增至21%。

SGLT2抑制剂导致急性肾损伤的机制尚不完全清楚，可能与以下因素有关。

1.尽管SGLT2抑制剂降低肾小球内压力对肾脏具有保护作用，但它也通过管球反馈使入球动脉收缩，导致肾脏存在肾前性损伤的生理易感。这些药物可能导致血压降低、肾脏灌注压力下降和血容量减少，进一步减少肾脏的血流量，增加AKI的易感性。

糖尿病人群的动脉粥样硬化性肾动脉狭窄风险增高，也使整体肾脏灌注恶化。

2. SGLT2抑制导致尿糖和尿钠的排泄增多，引起渗透性利尿，增加高渗和脱水的风险。SGLT2抑制导致近端肾小管腔内的尿糖浓度增加数倍，其中70%的肾小球滤液被重新吸收，近端和远端肾小管段的渗透压增加，渗透性肾病导致AKI。

3. 尿液中葡萄糖含量的增加也可能被位于近端肾小管顶端膜中的葡萄糖转运蛋白GLUT9b（也称为SLC2A9b）重新吸收，以交换尿酸，这种交换导致血清尿酸水平下降5%～10%，然而，尿中尿酸水平的增加是晶体依赖性和非依赖性途径AKI的危险因素。

然而随着后续研究证据的积累，发现SGLT2抑制剂相关AKI的发生率并不比安慰剂组高。一篇纳入112项随机试验（$n=96\,722$）和4项观察研究（$n=83\,934$）的综述提示：有41项随机试验报道了1089例SGLT2抑制剂引起的急性肾损伤事件，与低血容量相关的不良事件相关。在观察性研究中，报道了777例急性肾损伤事件。但SGLT2抑制剂使总体患者发生急性肾损伤的风险降低了36%。2020年4月，发表在CMAJ的一项基于人群的回顾性队列研究显示，SGLT2抑制剂初始治疗90天内AKI风险并未升高。这一研究结果与大型RCT研究——卡格列净和糖尿病肾病临床评估试验（CREDENCE研究）相似。基于以上充分证据，2020年FDA在卡格列净新版说明书中删除AKI的警告。

建议：①优化容量状态并避免在启动SGLT2抑制剂前发生低血压。②RAAS抑制剂和（或）利尿剂并非启用SGLT2抑制剂的禁忌证，但应谨慎操作，尽量减少在SGLT2抑制剂启动之前发生AKI的其他危险因素。③暴露于非甾体抗炎药或其他肾毒性药物的患者谨慎使用SGLT2抑制剂。④当患者因限制摄入足够的液体或容易发生AKI时，因采用"病假策略"，即在急病、外科手术、需要患者限制液体或禁饮时停用。

五、正常血糖性酮症酸中毒（罕见）

与SGLT2抑制剂相关的正常血糖糖尿病酮症酸中毒（eDKA）是一种罕见且危及生命的疾病。发病率从0.1%（恩格列净）到0.6/1000患者年（卡格列净）。2015年，FDA发布了安全警告，首次强调了这种风险。在病理生理水平上，人们认为尿糖排泄增多引起的血浆葡萄糖水平降低，降低胰岛素水平的同时增加了胰高血糖素的释放，胰高血糖素/胰岛素比值的增加导致脂肪分解增加和酮体（β-羟基丁酸酯，乙酰乙酸酯）生成增多，可能导致酮症酸中毒。SGLT2抑制剂使用时发生的酮症酸中毒一般以无明显高血糖（$<250\text{mg/dl}$）为特征，因此得名eDKA。

报道中，DKA发作前使用SGLT2抑制剂治疗持续时间从0.3天到420天不等。导致SGLT2抑制剂相关DKA的诱因包括胰岛素减量、遗漏或缺乏以及手术、酗酒、运动和低糖饮食。

服用SGLT2抑制剂的患者若表现为恶心、呕吐、不适或腹痛，甚至出现更严重的状况，如意识改变、Kussmal呼吸或休克的临床症状，尤其是当存在禁食、脱水、停止胰岛素治疗、手术、感染或过量饮酒等诱发因素时，无论血糖水平高低，均应考虑eDKA的可能，及时完善尿常规、血酮、血气分析等检查。在同时接受SGLT2抑制剂和二甲双胍治疗的患者中，不应将二甲双胍相关乳酸酸中毒（MALA）与eDKA混淆。eDKA和MALA的区别在于没有β-羟丁酸的升高，但这两种疾病在理论上可以共存，尤其是CKD患者。

一旦确诊为eDKA，应立即停用SGLT2抑制剂，并开始治疗。最近，随着生酮饮食的联合，如联合SGLT2抑制剂和生酮饮食的患者出现葡萄糖水平轻度升高、酮症和阴离子间隙升高，应怀疑eDKA，并将其纳入鉴别诊断。一旦确诊，则应停止使用SGLT2抑制剂并给予相应的治疗。

建议联合胰岛素治疗时，避免随意停用胰岛素或过度降低剂量；急性应激状态（如感染、创伤）发生时暂停SGLT2抑制剂，应激状态解除后重新使用；减肥手术前低糖饮食时停用，术后重新评估能否使用；大型手术前3天停用，术后可以进食且恢复良好后重新使用；有脱水风险时停用，直到不再脱水；口服SGLT2抑制剂期间避免过多饮酒及极低糖类饮食，服用SGLT2抑制剂的患者避免生酮饮食。

六、下肢截肢（发生率不详）

对这一不良事件的关注源于卡格列净心血管评估研究（CANVAS）项目试验：与安慰剂组相比，卡格列净相关的下肢截肢（LLA）风险增加约2倍。FDA因此发布了关于卡格列净的截肢风险的黑框警告。

SGLT2抑制剂可能增加截肢风险的机制尚不清楚。糖尿病是LLA的首要原因，与外周动脉疾病（PAD）、糖尿病神经病变、伤口愈合受损、感染易感性等有关。糖尿病和足部溃疡患者中，缺血与LLA的风险显著增加相关。低血容量可进一步降低PAD患者的外周灌注，一旦失代偿将导致下肢截肢。SGLT2抑制剂在糖尿诱导的渗透性利尿中具有轻度利尿作用。CANVAS试验中下肢截肢风险增加的潜在机制可能由SGLT2抑制剂的利尿样作用引起的低血容量所致。

然而，最近的CREDENCE试验报告显示，尽管卡格列净组截肢的风险总体上高于其他SGLT2抑制剂，但与安慰剂相比，卡格列净100 mg组并未观察到明显的风险增加。所以美国FDA批准最新版卡格列净说明书（2020年8月18日版）删除截肢黑框警告。

建议足部溃疡或截肢高风险患者（如PAD患者），在权衡风险和获益之后，决定是否使用SGLT2抑制剂，并在使用时加强安全监测，对患者开展足部护理和预防截肢教育，如出现下肢感染、新发疼痛或溃疡应立即停药。

七、骨折（发生率不详）

在CANVAS-Program试验中，卡格列净是唯一一个与骨折风险略高相关的SGLT2抑制剂，其中大多数是非椎体骨折。与对照组相比，卡格列净治疗可以增加骨转换率，降低全髋骨密度。2015年，FDA发布使用卡格列净可能带来骨折风险。理论上，SGLT2抑制剂可能通过改变钙磷稳态而产生不利的骨骼效应，导致骨密度下降和骨折风险增加。

骨折发生率增高的原因尚不清楚。可能由跌倒引起。CANVAS中跌倒相关的不良事件在安慰剂为1.5%，而卡格列净100mg组和300组分别为1.9%和3.3%，也可能与血容量不足有关。Taylor等曾提出SGLT2抑制剂对骨代谢影响的潜在机制：通过阻断近端小管上皮细胞中的SGLT2，减少钠转运，增加肾小管上皮细胞内、外钠的电化学梯度，从而驱动磷酸盐和钠的共转运增强；血清磷酸盐增高导致成纤维细胞生长因子-23

（FGF23）和甲状旁腺激素分泌增加，增强骨吸收导致骨软化。

　　SGLT2抑制剂与骨代谢改变和骨折风险相关的证据还存在争议，最近报道的CREDECE研究中卡格列净和安慰剂组的骨折率相似（HR 0.98；95%CI 0.70 ～ 1.37）。在EMPA-REG试验和DECLARE-TIMI 58试验中，SGLT2抑制剂组和安慰剂组骨折患者的比例相似。达格列净、恩格列净的处方信息中，并未将骨折列为警告或强调预防措施。

　　尽管SGLT2抑制剂骨折风险仍有待明确，但骨折高风险人群仍应谨慎使用，如绝经后妇女或骨质疏松患者。对于存在易跌倒、骨密度降低、高龄、酗酒、低体重、合并某些疾病（如电解质紊乱、癫痫、慢性阻塞性肺疾病等）和同时使用某些药物（如糖皮质激素、抗抑郁药、抗癫痫药等）等危险因素的患者，建议进行用药前风险评估，以确保患者的用药安全。

八、会阴坏死性筋膜炎（非常罕见）

　　会阴部坏死性筋膜炎，又称Fournier坏疽（FG），是一种严重但罕见的疾病，是生殖器或肛周皮下组织细菌感染引起的一种潜在的致命性急性坏死性感染。受累者多为老年男性（年龄≥60岁），常伴有疾病（如糖尿病、酒精中毒、外周动脉疾病、创伤、免疫抑制等）。FG的主要危险因素包括高血压、肥胖、烟草使用、免疫抑制、心力衰竭和2型糖尿病。Bersoff-Matcha团队根据FAERS，确认在2013年3月至2019年1月期间，使用SGLT2抑制剂的美国人中发生55例FG，而在1984年至2019年1月期间，使用其他种类降糖药的患者出现19例FG。发生FG是否与SGLT2抑制剂相关的病理生理机制尚不清楚。

　　建议服用SGLT2抑制剂的患者如出现发热、疼痛、红斑和（或）生殖器或会阴区肿胀，应怀疑为FG。一旦确诊，需要立即停用SGLT2抑制剂，住院治疗、密切监测、使用广谱抗生物治疗、外科清创至关重要，并更换降糖方案。

九、癌症风险

　　纳入46项随机对照试验（RCTs）的Meta分析表明，与对照者相比，SGLT2抑制剂与总体癌症发生风险不相关（OR 1.14；95%CI 0.96 ～ 1.36）。然而有文献报道SGLT2抑制剂可能增加特定癌症的风险。推测SGLT2抑制剂会促进大鼠和雄性小鼠的甲状腺髓样肿瘤生长但在人类是否存在类似现象尚不清楚。对22项RCTs的数据汇总分析显示，与安慰剂组或对照组（1/3512；0.03%）相比，新诊断的膀胱癌病例报告中，使用达格列净的患者比例更高（10/6045；0.17%）。SGLT2抑制与癌症之间的病理生理联系尚不清楚。应用进一步诊断检查（例如尿液分析、泌尿系彩超等）时，可能会发现治疗之前就已经存在的膀胱癌。另外复发性或慢性尿路感染导致的长时间膀胱刺激可能增加膀胱癌的风险。

　　相反，卡格列净可能抑制胃肠道肿瘤（OR 0.15；95%CI 0.04 ～ 0.60）。SGLT1通过葡萄糖摄取促进癌细胞存活；因此，卡格列净可能通过抑制SGLT1/SGLT2发挥抗肿瘤作用。

　　建议有血尿或膀胱癌病史的患者谨慎使用SGLT2抑制剂。仍需要更多高质量的临床证据来更准确地评估SGLT-2抑制剂的致癌风险。

综上所述，SGLT2抑制剂作为一类新型药物，需要更多的临床研究进一步评估其长期安全性和耐受性。SGLT2抑制剂相关的低血糖风险较低，除非与胰岛素或胰岛素促分泌剂合用；生殖器真菌感染是最常见的SGLT2抑制剂相关不良事件，但两者是否直接相关仍不清楚；低血压（和其他与容量耗竭相关的不良事件）的发生与特定人群有关。接受SGLT2抑制剂治疗的2型糖尿病患者发生正常血糖酮症酸中毒的风险一般较低，特别是在保持充足的水和糖类摄入的情况下；骨折或下肢截肢风险较高的患者是否使用卡格列净仍存在争议。有血尿或膀胱癌病史的患者应谨慎使用SGLT2抑制剂，尤其是达格列净；然而，没有证据表明这些药物与癌症风险增加有关。CVOT试验中，SGLT2抑制剂组和安慰剂组中发生急性肾损伤的比例相似。

与SGLT2抑制剂相关的常见不良事件（如生殖器感染或容量消耗）通常是轻微的，患者或初级保健医生即可控制，通过筛选患者和早期识别症状，可以将罕见事件（如酮症酸中毒）的风险降到最低。在选择治疗方案时，临床医师必须权衡SGLT2抑制剂的风险和获益，并考虑心血管和肾脏预后。

（何爱琴　吴小梅）

参 考 文 献

Ahmadieh H，Azar S. Effects of sodium glucose cotransporter-2 inhibitors on serum uric acid in type 2 diabetes mellitus. Diabetes Technol Ther，2017，Sep；19（9）：507-512.

Bersoff-Matcha S.J，Chamberlain C，Cao C，et al. Fournier gangrene associated with sodium-glucose cotransporter-2 inhibitors：a review of spontaneous postmarketing cases. Ann. Intern. Med，2019，170：764-769.

Bonora BM，Avogaro A，Fadini GP. Sodium-glucose co-transporter-2 inhibitors and diabetic ketoacidosis：an updated review of the literature. DiabetesObesMetab，2018，20（1）：25-33.

Chino Y，et al. SGLT2 inhibitor lowers serum uric acid through alteration of uric acid transport activity in renal tubule by increased glycosuria. Biopharm Drug Dispos，2014 oct；35（7）：391-404.

Council for International Organizations of Medical Sciences. Guidelines for preparing core clinical-safety information on drugs：report of CIOMS Working Groups Ⅲ and Ⅴ；including new proposals for investigator's brochures；CIOMS：Geneva，Switzerland，2001，Volume 98.

Craig I，Coleman，et al. Body weight（BW）outcomes with canagliflozin 300mg（CANA）vs. glucagon-like peptide-1 receptor agonists（GLP-1s）in a real-world（RW）setting. American Diabetes Assoiciation，2018：1291.

Davies M.J，Trujillo A，Vijapurkar U，et al. Effect of canagliflozin on serum uric acid in patients with type 2 diabetes mellitus. Diabetes ObesMetab，2015，17（4）：426-429.

De Jonghe S，Proctor J，Vinken P，et al. Carcinogenicity in rats of the SGLT2 inhibitor canagliflozin. Chem Biol Interact，2014，5：1-12.

Dizon S，Keely E. J，MalcolmJ，et al. Insights into the recognition and management of SGLT2-inhibitor-associated ketoacidosis：It's not just euglycemic diabetic ketoacidosis. Can. J. Diabetes，2017，41：499-503.

FDA Drug Safety Communication：FDA revises labels of SGLT2 inhibitors for diabetes to include warnings about too much acid in the blood and serious urinary tract infections. 2015. https://www.fda.gov/Drugs/DrugSafety/ucm475463.htm.Acces-sed 17 May 2018.

Ferdinand KC, Izzo JL, LeeJ, et al. Antihyperglycemic and blood pressure effects of empagliflozin in black patients with type 2 diabetes mellitus and hypertension. Circulation, 2019, 139: 2098-2109.

Filippas-Ntekouan S, Filippatos TD, Elisaf MS. SGLT2 inhibitors: are they safe? Postgrad Med, 2018, 130: 72-82.

Gaurav S Gulsin, Matthew P M Graham-Brown, Iain B Squire, et al. Benefits of sodium glucose cotransporter 2 inhibitors across the spectrum of cardiovascular diseases. Heart (British Cardiac Society), 2021, heartjnl-2021-319185.

Gautam Phadke, Amit Kaushal, DeanR, et al. Osmotic nephrosis and acute kidney injury associated with SGLT2 inhibitor use: a case report. AJKD, 2020, 76 (1): 144-147.

Geerlings S, Fonseca V, Castro-Diaz D, et al. Genital and urinary tract infections in diabetes: impact of pharmacologically-induced glucosuria. Diabetes Res Clin Pract, 2014, 103 (3): 373-381.

Goldenberg R.M, Berard L. D, Cheng A.Y.Y, et al. SGLT2 inhibitor-associated diabetic ketoacidosis: clinical review and recommendations for prevention and diagnosis. Clin Ther, 2016, 38 (12): 2654-2664.

Hahn K, Ejaz AA, Kanbay M, et al. Acute kidney injury from SGLT2 inhibitors: potential mechanisms. Nat Rev Nephrol, 2016, 12: 711-712.

Han S, Hagan DL, Taylor JR, et al. Dapagliflozin, a selective SGLT2 inhibitor, improves glucose homeostasis in normal and diabetic rats. Diabetes, 2008, 57: 1723-1729.

Heerspink H.J, Perkins B.A, Fitchett D.H, et al. Z, Sodium glucose cotransporter 2 inhibitors in the treatment of diabetes mellitus: cardiovascular and kidney effects, potentialmechanisms, and clinical applications. Circulation, 2016, 134: 752-772.

Heerspink HJL, Stefansson BV, ChertowGM, et al. Rationale and protocol of the Dapagliflozin And Prevention of Adverse outcomes in Chronic Kidney Disease (DAPA-CKD) randomized controlled trial. Nephrology, dialysis, transplantation: official publication of the European Dialysis and Transplant Association-European Renal Association, 2020, 35 (2): 274-282.

Iskander C, Cherney DZ, Clemens KK. Use of sodium-glucose cotransporter-2 inhibitors and risk of acute kidney injury in older adults with diabetes: a population-based cohort study CMAJ April 06, 2020, 192 (14): E351-E360.

Itamar Raz, OfriMosenzon, Marc P Bonaca, et al. DECLARE-TIMI 58: Participants' baseline characteristics. Diabetes Obes Metab, 2018, 20 (5): 1102-1110.

Jan MenneI, Eva DumannI, Hermann Haller, et al. Schmidt. Acute kidney injury and adverse renal events in patients receiving SGLT2-inhibitors: A systematic review and meta-analysis. PLoS Med, 2019, 12: 16.

Janet B, Mc Gill, Savitha Subramanian, Safety of sodium-glucose co-transporter 2 inhibitors. The American Journal of Medicine, Vol 132, No 10S, October, 2019: s50-s57.

Jardine MJ, Zhou Z, Mahaffey KW, et al. Renal, cardiovascular, and safety outcomes of canagliflozin by baseline kidney function: a secondary analysis of the credence randomized trial. JASN,2020,31 (5): 1128-1139.

Jennifer R Donnan, Catherine A Grandy, EugeneChibrikov, et al. Comparative safety of the sodium glucose co-transporter 2 (SGLT2) inhibitors: A systematic review and meta-analysis. BMJ Open, 2019, 9 (1): e022577.

Joshi SS，et al. Sodium-glucose co-transporter 2 inhibitor therapy：mechanisms of action in heart failure. Heart，2021：1-7.

Juan Shen，Jincheng Yang，Bin Zhao. A survey of the FDA's adverse event reporting system database concerning urogenital tract infections and sodium glucose cotransporter-2 inhibitor use. DiabetesTher，2019，10：1043-1050.

Kamlesh Khunti. SGLT2 inhibitors in people with and without T2DM. Nature Reviews Endocrinology，2021，17：75-76.

Kario K，Hoshide S，Okawara Y，et al. Effect of canagliflozin on nocturnal home blood pressure in Japanese patients with type 2 diabetes mellitus：The SHIFT-J study. J Clin Hypertens（Greenwich），2018，20：1527-1535.

Kario K，Okada K，Kato M，et al. 24-Hour blood pressure-lowering effect of an SGLT-2 inhibitor in patients with diabetes and uncontrolled nocturnal hypertension：results from the randomized，placebo-controlled SACRA Study. Circulation，2018，139：2089-2097.

Kitada K，et al. High salt intake reprioritizes osmolyte and energy metabolism for body fluid conservation. J. Clin. Invest，2017，127：1944-1959.

Komoroski B，Vachharajani N，FengY，Li L，et al. Dapagliflozin，anovel，selective SGLT2 inhibitor，improved glycemic control over 2 weeks in patients with type 2 diabetes mellitus. ClinPharmacol Ther，2009，85：513-519.

Lalau J. D，Kajbaf F，Protti A，et al. Metformin-lactic acidosis（MALA）：Moving towards a new paradigm. DiabetesObes. Metab，2017，19：1502-1512.

Liu J，LiL，LiS，et al. Effects of SGLT2 inhibitors on UTIs and genital infections in type 2 diabetes mellitus：a systematic review and meta-analysis. Sci Rep，2017，7：2824.

Louis Potier，RonanRoussel，Velho，et al. Lower limb events in individuals with type 2 diabetes：evidence for an increased risk associated with diuretic use. Diabetologia，2019，62（6）：939-947.

Lu H，Meyer P，Hullin R. Use of SGLT2 inhibtors in cardiovascular diseases：why，when and how? a narrative literature review. Swiss. Med. Wkly，2020，150：20341.

Mahaffey KW，NealB，PerkovicV，et al. Canagliflozin for primary and secondary prevention of cardiovascular events：results from the CANVAS program（Canagliflozin Cardiovascular Assessment Study）. Circulation，2018，137：323-334.

Marton A，Kaneko T，et al. Organ protection by SGLT2 inhibitors：role of metabolic energy and water conservation. Nat Rev Nephrol，2021，01：17.

Megan Leila Baker，Mark Anthony Perazella. SGLT2 inhibitor therapy in patients with type2 diabetes mellitus：is acute kidney injury a concern?Journal of Nephrology，2020，33（5）：985-994.

Neal B，Perkovic V，Mahaffey KW，et al. Canagliflozin and cardiovascular and renal events in type 2 diabetes. NEngl J Med，2017，377：644-657.

Okada K，Hoshide S，Kato M，et al. Safety and efficacy of empagliflozin in elderly Japanese patients with type 2 diabetes mellitus：A post hoc analysis of data from the SACRA study.J Clin Hypertens（Greenwich），2021，23：860-869.

Papadopoulou E，Loutradis C，Tzatzagou G，et al. Dapagliflozin decreases ambulatory central blood pressure and pulse wave velocity in patients with type 2 diabetes：a randomized，double-blind，placebo-controlled clinical trial. J Hypertens，2021，39：749-758.

Perkovic V，Jardine MJ，Neal B，et al. credence trial investigators. Canagliflozin and renal outcomes in type 2 diabetes and nephropathy. NEngl J Med，2019，380（24）：2295-2306.

Perlman A, Heyman SN, Matok I, et al. Acute renal failure with sodium-glucose-cotransporter-2 inhibitors: analysis of the FDA adverse event report system database. Nutrition, Metabolism & Cardiovascular Diseases, 2017, 27: 1108-1113.

Plosker GL. Dapagliflozin: a review of its use in patients with type 2 diabetes. Drugs, 2014, 74: 2191-2209.

Postma CT, Klappe EM, Dekker HM, et al. The prevalence of renal artery stenosis among patients with diabetes mellitus. Eur J Intern Med, 2012, 23: 639-642.

Radholm K, Wu JH, Wong MG, et al. Effects of sodium-glucose cotransporter-2 inhibitors on cardiovascular disease, death and safety outcomes in type 2 diabetes—a systematic review. Diabetes Res Clin Pract, 2018, 140: 118-128.

Sarafidis P.A, Ortiz A. The risk for urinary tract infections with sodium-glucose cotransporter 2 inhibitors: No longer a cause of concern? Clin. Kidney J, 2020, 13: 24-26.

Scafoglio C, Hirayama BA, Kepe V, et al. Functional expression of sodium-glucose transporters in cancer. Proc Natl Acad Sci USA, 2015, 112 (30): E4111-E4119.

StenlöfK, et al. Efficacy and safety of canagliflozin monotherapy in subjects with type 2 diabetes mellitus inadequately controlled with diet and exercise. Diabetes Obes Metab, 2013, 15 (4): 372-382.

Tang H, Dai Q, Shi W, et al. SGLT2 inhibitors and risk of cancer in type 2 diabetes: a systematic review and meta-analysis of randomised controlled trials. Diabetologia, 2017, 60: 1862-1872.

Taub ME, Ludwig-Schwellinger E, Ishiguro N, et al. Sex-, species-, and tissue-specific metabolism of Empagliflozin in male mouse kidney forms an unstable hemiacetal metabolite (M466/2) that degrades to 4-hydroxycrotonaldehyde, a reactive and cytotoxic species. Chem Res Toxicol, 2015, 28 (1): 103-115.

Taylor SI, Blau JE, Rother KI. Possible adverse effects of SGLT2 inhibitors on bone. Lancet Diabetes Endocrinol, 2015, 3 (1): 8-10.

The Committee on the proper use of SGLT2 inhibitors. Recommendations on the proper use of SGLT2 inhibitors. J Diabetes Investig, 2020, 11: 257-261.

U.S. Food and Drug Administration. FDA drug safety communication: FDA confirms increased risk of leg and foot amputations with the diabetes medicine canagliflozin (Invokana, Invokamet, Invokamet XR), 2017. Accessed 6 January 2020. Available from https://www.fda.gov/Drugs/DrugSafety/ucm557507.htm

Unnikrishnan AG, KalraS, PurandareV, VasnawalaH. Genital infections with sodium glucose cotransporter-2 inhibitors: occurrence and management in patients with Type 2 diabetes mellitus. Indian J Endocrinol Metab, 2018, 22 (6): 837-842.

Vardeny O. Vaduganathan M. Practical guide to prescribing sodium-glucose cotransporter 2 inhibitors for cardiologists. JACC Heart Fail, 2019, 7: 169-172.

Voelzke B. B, Hagedorn J. C. Presentation and diagnosis of Fournier gangrene. Urology, 2018, 114: 8-13.

Watts NB, Bilezikian JP, Usiskin K, et al. Effects of canagliflozin on fracture risk in patients with type 2 diabetes mellitus. J Clin Endocri-nol Metab, 2016, 101: 157-166.

Wilding JP, et al. Efficacy and safety of canagliflozin by baseline HbA1c and known duration type 2 diabetes mellitus. J Diabetes Complications, 2015, 29 (3): 438-444.

Williams B, Mac Donald TM, Morant S, et al. Spironolactone versus placebo, bisoprolol, and doxazosin to determine the optimal treatment for drug-resistant hypertension (PATHWAY-2): a randomised, double-blind, crossover trial. Lancet, 2015, 386: 2059-2068.

Wiviott SD，Raz I，Bonaca MP，et al．Dapagliflozin and cardiovascular outcomes in type 2 diabetes．N Engl J Med，2019，380：347-357．

ZaccardiF，et al．Efficacy and safety of sodium-glucose co-transporter-2 inhibitors in type 2 diabetes mellitus：systematic review and network meta-analysis．DiabetesObes．Metab，2016，18：783-794．

Zhang YJ，Han SL，Sun XF，et al．Efficacy and safety of empagliflozin for type 2 diabetes mellitus：meta-analysis of randomized controlled trials．Medicine（Baltimore），2018，97：e12843．

Zinman B，Wanner C，Lachin JM，et al．Empagliflozin，cardiovascularoutcomes，and mortality in type 2 diabetes．NEngl J Med，2015，373：2117-2128．

第六章

SGLT2抑制剂的心血管保护作用

第一节　糖尿病心血管并发症的流行病学和发生机制

糖尿病心血管并发症包括冠状动脉疾病（CAD）、心脏自主神经病变（CAN）和糖尿病心肌病（DCM），这些疾病以心肌的分子、结构和功能改变为特征。被大家所熟知的是CAD，然而CAN和DCM通常被忽视，而后两者往往导致不良结局，包括死亡率的增加。与普通人群相比，即使很好地控制了血糖（糖化血红蛋白HbA1c $\leqslant$ 6.9%/52mmol/mol），1型糖尿病患者的全因死亡率和心血管死亡率分别增加了2倍和3倍。相反，如果血糖控制不佳（HbA1c > 9.7%/83mmol/mol），全因死亡率和心血管死亡率分别是普通人群的8倍和10倍。1型糖尿病患者30年内的死亡原因主要是低血糖和糖尿病酮症酸中毒，而30年以上的死亡原因主要是心血管疾病。总的来说，心血管疾病（CVD）造成了1型糖尿病患者接近44%的全因死亡。而2型糖尿病患者的CVD导致的全因死亡占所有死亡原因的52%，其全因死亡率和心血管死亡率分别是普通人群的2倍和3倍。类似的，血糖控制不佳或者合并肾脏疾病，包括微量白蛋白尿和肾小球滤过率的下降，其风险明显增加。

一、CAD的病理生理机制

持续的高血糖伴随着心血管疾病的高发，这一现象被称为"代谢记忆"或"遗留效应"。调控这一现象的机制十分复杂。糖基化终末产物（AGEs）是蛋白、脂质或脂蛋白的非酶糖基化产物，AGEs的产生受到高血糖、缺氧、缺血或再灌注的触发。AGEs与其受体RAGE结合，相互作用后产生促炎效应，产生活性氧簇（ROS），在内皮中表达黏附分子包括血管细胞黏附分子1（VCAM-1）和细胞间黏附分子1（ICAM-1），促使单核细胞迁移至内皮下，同时通过减少一氧化氮（NO）的合成减少血管的扩张，增加内皮素-1的表达引起血管收缩，通过在巨噬细胞表面表达清道夫受体来增强巨噬细胞的吞噬作用。

糖尿病增加心血管风险的另一机制则是低密度脂蛋白（LDL）的促粥样硬化修饰。LDL去唾液酸化后形成小密度的LDL，后者被氧化或糖基化，与内皮下的蛋白多糖发生相互作用，使得LDL的滞留时间延长，从而被巨噬细胞吞噬形成富含脂质的泡沫细胞，随后泡沫细胞释放促炎细胞因子包括肿瘤坏死因子-α（TNF-α）、白细胞介素1-β（IL1-β）和金属基质蛋白酶（MMP），进而促进了粥样硬化的发生。

糖尿病通常伴随着氧化应激的增加，可能是由于ROS和活性氮簇（RNS）的产生增加或ROS/RNS的清除减少。引起ROS/RNS产生增多的因素可以是高血糖的直接效应，包括线粒体电子传递链的过度活化，也可以是其他间接效应，如AGEs，细胞因子，多元醇通路的上调，氨基己糖生物合成路径的上调，蛋白激酶C（PKC）信号的增强，氧化的小密度LDL，高胰岛素血症，血小板活化因子（PAF）。氧化应激反应的增强与内皮功能障碍相关，后者表现为血管通透性增加，舒缩功能障碍，NO的减少、内皮素和血管紧张素Ⅱ水平的增加介导了血管舒缩功能障碍。同时，黏附分子ICAM-1和VCAM-1的释放使白细胞/血小板黏附、血栓形成和炎症的风险增加。瘦素和脂联素是由脂肪细胞产生的细胞因子。在心力衰竭患者中，瘦素水平的升高与心脏重构相关，而脂联素则被认为具有心脏保护作用，同时，高瘦素血症和低脂联素血症也和内皮细胞功能障碍及LDL颗粒的迁移相关。

氧化应激或者高血糖的直接效应都可以导致PKC信号的活化。PKC信号的活化导致细胞因子的合成增加，细胞外基质产生增多，内皮功能障碍。高血糖可以导致基因表达的遗传修饰，而不改变DNA序列。这些表观修饰包括AGEs形成增加、氧化应激增加、多元醇通路的上调、氨基己糖通路的上调、PKC信号增强、转化生长因子-β（TGF-β）smad-MAPK信号增强、NF-κB依赖的单核细胞趋化蛋白-1（MCP-1）和VCAM-1表达增加。这些表观修饰与内皮功能障碍和动脉粥样硬化相关。特定的microRNAs和长链非编码RNAs在动脉粥样硬化的多个环节发挥作用，包括脂质代谢、内皮功能障碍、血管平滑肌细胞（VSMC）表型转变、巨噬细胞表型转变、血小板反应性/聚集以及心肌细胞从干细胞的分化、心肌细胞凋亡。

巨噬细胞从抗炎型M2向促炎型M1转变导致多种细胞因子的释放（TNF-α、IL-1β、IL-6和MMP），以及趋化因子（MCP-1）和ICAM-1的释放。平滑肌细胞的表型转变伴随着增生、内膜迁移、去分化为其他表型包括合成型、钙化型、生脂型和巨噬细胞型。这些变化导致内膜增生、细胞外基质合成、形成纤维帽、内膜有微钙化的沉积。

内膜中周细胞表型转变导致吞噬作用增强、促炎症细胞因子释放、细胞间连接的丢失以及细胞外基质的合成增多，导致脂质在周细胞中蓄积。斑块的不稳定表现为从稳定型斑块转变为易形成血栓的斑块，特点是泡沫细胞凋亡，产生巨大的坏死核心，纤维帽中VSMCs减少，释放金属蛋白酶，使纤维帽变薄，最终形成不稳定斑块。斑块的破裂将引起动脉粥样硬化血栓的形成，这一过程涉及血小板的黏附，血小板活化，组织因子、纤溶酶原激活物抑制剂（PAI-1）和纤维蛋白原激活凝血级联反应。

二、糖尿病和心力衰竭

老年糖尿病患者与非糖尿病患者相比心力衰竭的发生率明显增加（39% vs. 23%），并且在经过43个月的观察期后，基线状态下无心力衰竭的糖尿病患者发生心力衰竭的相对风险是非糖尿病患者的1.3倍。在75岁以下的人群中，糖尿病使心力衰竭的患病率增加了3倍，而75岁以上人群中增加2倍。糖尿病患者心力衰竭的患病率是12%～57%，心力衰竭患者糖尿病的患病率是4.3%～28%。糖尿病患者血糖越高，心力衰竭的发生风险越高，HbA1c每升高1%，1型糖尿病患者心力衰竭发生风险增加30%，2型糖尿病患者心力衰竭发生风险增加8%。心力衰竭患者一旦合并糖尿病，其住院率、心血管死亡率、全因死亡率均较不合并糖尿病患者显著增高，与射血分数下降的心力衰竭患者（HFrEF）相比，射血分数保留的患者（HFpEF）上述风险更大。

糖尿病患者心力衰竭的发生是多种心血管异常共同导致的结果，包括DCM、缺血性心脏病、CAN和高血压心肌病。

内皮细胞和血管平滑肌细胞在血管病变中发挥重要作用。正常状态下，内皮细胞通过内皮NO合成酶合成NO。NO通过活化VSMC中的鸟苷酸环化酶使血管舒张。同时NO抑制VSMC的增生和迁移，因此抑制动脉粥样硬化的形成。相反，NO的缺失将导致NF-κB的激活，增加炎症反应，同时表达白细胞黏附分子，产生趋化因子和细胞因子，促进单核细胞和VSMC向内膜的迁移，从而形成泡沫细胞。

1. 微血管病变　在糖尿病状态下，内皮细胞内的异常信号在毛细血管水平减少了毛细血管的直径，导致微血管稀疏。在糖尿病的动物（猪）模型中，造模成功2个月后观察到毛细血管结构的改变，在发生心外膜冠状动脉狭窄前就存在心肌的低灌注。

2. 心肌灌注异常　冠状动脉的循环血供由心外膜冠状动脉、小动脉和毛细血管组成。由于心外膜冠状动脉和左心室之间的压力梯度，心肌在每一个心脏舒张周期得到灌注，血流的分布匹配局部组织代谢的动态需求，这是由小动脉和毛细血管进行调节的。由于心肌的氧耗量在静息状态就接近最大，因此心肌的氧输送几乎全部依赖冠状动脉的血流。在糖尿病患者中，由于动脉粥样硬化导致的心外膜冠状动脉管腔狭窄被认为是血供不足的主要原因。然而，许多糖尿病患者并没有明显的心外膜冠状动脉狭窄的证据，但是依然存在心肌缺血症状，运动试验阳性，那就意味着可能存在微血管病变。

3. DCM的病理生理　正常状态下，心脏的能量供应主要是脂肪酸氧化，少量通过葡萄糖代谢。但是在应激状态下，心肌细胞主要通过葡萄糖获取能量。代谢底物的适应性指的是可以使用不同的燃料来产能。在成人心肌细胞中，葡萄糖通过葡萄糖转运蛋白4（GLUT4）进入细胞，脂肪酸通过脂肪酸转位酶（FAT）或CD36进入细胞。胰岛素抵抗伴随着心肌细胞中GLUT4介导的葡萄糖摄取减少和CD36介导的脂肪酸摄取增加，因此唯一依赖脂肪酸作为燃料。伴有高胰岛素血症和慢性高血糖的葡萄糖代谢增加了ROS的产生和氧化应激。氧化应激使葡萄糖代谢从糖酵解途径转变为其他替代途径包括多元醇通路，导致AGEs的产生，或者通过氨基己糖途径导致O-连接的β-N-乙酰葡糖胺糖蛋白（O-GLcNAc）的产生。

ROS和AGE活化NF-κB，进而引起炎症反应。AGE-RAGE相互作用导致胶原和弹性蛋白的交联，ECM重组，最终导致心肌的僵硬和舒张功能障碍。同时，ROS激活的内质网应激导致心肌细胞的凋亡，心肌钙处理障碍，进而引起心肌功能障碍。在部分心肌细胞凋亡后，存活的心肌细胞发生代偿性肥大，伴随着肌球蛋白重链（MHC）从α-MHC向β-MHC转变，心房利钠肽（ANP）和脑利钠肽（BNP）表达上调。

胰岛素抵抗的患者脂肪酸摄取增加伴随着氧化和非氧化的脂肪酸代谢的增加，非氧化的脂肪酸代谢导致毒性中间产物包括神经酰胺和二酰甘油（DAG）的产生。一旦线粒体氧化能力过强，就会引起功能障碍，产生ROS，氧化应激，内质网应激，产生炎症因子，脂质毒性介导细胞凋亡。高血糖伴有肾素-血管紧张素-醛固酮系统（RAAS）的不恰当激活，局部血管紧张素Ⅱ和醛固酮水平增加，盐皮质激素受体表达增加，氧化应激增加，心肌纤维细胞增生，心肌细胞肥大。冠状血管内皮功能障碍导致微血管功能障碍、心肌缺血和收缩功能障碍。

心力衰竭发生机制的重要组分包括心肌纤维化、左心室重构和心功能障碍。促炎细胞因子的活化、ROS的产生、线粒体功能障碍和内质网应激是导致心肌重构、纤维化和舒张功能障碍的关键机制。

三、糖尿病心脏自主神经病变

CAN是由于调节心血管系统的自主神经功能紊乱所导致的病变，是引起静息性心脏疾病的主要病因。有关CAN的流行病学数据差异较大，国外的研究数据表明在未经筛选的患者中，CAN的患病率至少在20%以上，而随着糖尿病病程的增加以及年龄增长，CAN的患病率高达65%。在中国的T1DM和T2DM，CAN的患病率分别达61.6%和62.6%。

CAN与无痛性心肌缺血有关，增加糖尿病患者心血管死亡和全因死亡风险，同时也增加糖尿病肾病的发病风险。与糖尿病神经病变一样，CAN的发生主要由高血糖和高血脂所驱动。在高血糖的情况下，葡萄糖通过葡萄糖转运体3（GLUT3）进入Schwann细胞，过多的葡萄糖进行糖酵解，导致乳酸的蓄积，乳酸由Schwann细胞转运至轴突，导致线粒体功能障碍，轴突发生降解。同时，高血糖导致电子传递链的过度激活，引起线粒体功能障碍、ROS的产生、氧化应激、DNA损伤，以及聚二磷酸腺苷核糖聚合酶的活化，后者抑制了甘油醛-3-磷酸脱氢酶，导致糖分解代谢物的蓄积，从而上调多元醇、氨基己糖、二酰基甘油（DAG）和PKC通路，以及AGEs的产生。AGE-RAGE的相互作用、氧化应激和内质网应激等共同导致内皮细胞功能障碍，表现为血管舒张障碍。微血管的损伤导致神经元的血流减少，引起脱髓鞘、轴突丢失、髓鞘纤维密度减少和神经传导速度下降。高脂血症所导致的TCA循环超负荷，引起有毒性的酯酰肉碱在Schwann细胞内蓄积，同样会引起线粒体功能障碍和轴突降解。同时，神经元细胞中的胆固醇被氧化成羟固醇将导致神经元损伤和凋亡。

第二节　SGLT2抑制剂预防和治疗心血管疾病的作用机制

钠–葡萄糖共转运蛋白2（SGLT2）抑制剂是一类新型降糖药物。它们通过阻断位于肾单位近端小管的低亲和力、高容量的SGLT2蛋白发挥作用。SGLT2蛋白负责约90%过滤后的葡萄糖的重吸收，其余的糖被位于近曲小管远端的SGLT1蛋白重吸收。抑制SGLT2会导致糖尿（以及钠尿，因为该蛋白是共转运蛋白），从而降低血糖浓度。与所有其他降糖剂相比，这种机制是独特的，因为它不会干扰内源性胰岛素或胰岛素途径。

在最近的心血管结果试验中，SGLT2抑制剂与心力衰竭住院风险降低30%～35%相关。其他降糖剂似乎比SGLT2抑制剂更有效，但不能降低心血管风险，特别是在心力衰竭结果方面。此外，尽管SGLT2抑制剂治疗的降糖效果在估计的肾小球滤过率较低时下降，但其对心血管的益处显著保留，即使在肾功能受损的患者中也是如此。这意味着控制血糖和降低心血管风险的作用机制不同。

一、SGLT2抑制剂的传统潜在益处机制

SGLT2抑制剂治疗的理想心血管效应可能是多因素的，但涉及的关键途径目前正在探索中。以下部分将讨论一些常规理论。

1. 利尿降压作用　已有的研究表明，SGLT2抑制剂由于具有利尿和降血压的作用，可以改善心血管疾病的预后（图6-1）。SGLT2抑制剂由于葡萄糖尿和钠尿引起渗透性利尿，尽管利尿的程度及其组成（即钠尿量与水排泄量的比较）仍有待确定。事实上，在联合应用袢利尿剂治疗的情况下，渗透利尿对改善心力衰竭预后的作用仍不清楚。在给予SGLT2抑制剂治疗的情况下，糖尿的发生是由于在高血糖时过滤和吸收的葡萄糖增加了2～3倍。因此，与SGLT2抑制剂相关的糖尿和渗透性利尿依赖于血糖浓度，这不能解释在没有糖尿病的血糖正常的心力衰竭患者中观察到的类似益处。尽管SGLT2抑制剂治疗与排钠和血浆容量减少有关，目前尚不清楚这些益处是否持续，因为尽管心力衰竭状态有所改善，但慢性稳定性心力衰竭患者血清N-末端B型利钠肽原（NT-pro BNP）浓度并未出现差异。此外，在DAPA-HF试验中，大多数参与者的利尿剂剂量在随访期间没有变化，达格列净组和安慰剂组的平均利尿剂剂量相似。

最近的研究强调了SGLT2抑制剂和袢利尿剂利尿效果的重要区别。利用数学模型，最近的一项研究表明，达格列净和布美他尼都与钠和间质液体的减少有关。然而，达格

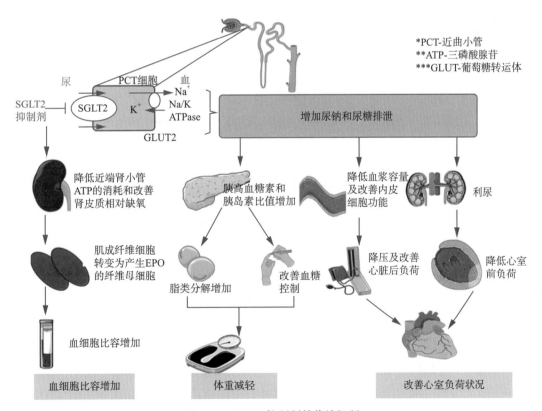

图6-1　SGLT2抑制剂的传统机制

列净对血浆容量的影响很小或没有影响，而布美他尼与血管内容量的减少有关，这在低灌注的情况下可能会带来不好的影响。SGLT2抑制剂对间质液体的这种预测选择性得到了"SGLT2抑制剂联合袢利尿剂对2型糖尿病和慢性心力衰竭患者的肾脏和心血管影响"（RECEDE-CHF）试验的观察支持，该试验显示，每日尿量平均增加545ml，其中312ml是无电解质水清除。这可能表明SGLT2抑制剂治疗与背景利尿治疗在心力衰竭中具有协同作用，但需要进一步的验证。

先前认为与SGLT2抑制相关的降压作用继发于利尿和利钠，但考虑到即使肾小球滤过率下降，这种作用也被保留下来，最近的研究表明，这更有可能是由于内皮细胞功能的改善，动脉僵硬的减少和交感神经活性的改变所致。最近的一项荟萃分析报道，抑制SGLT2仅有微弱的整体降压效果：合并估计血压降低2.46/1.46mmHg。这种程度的血压降低，虽然对心血管疾病是有益的，但也不太可能对心血管的发病率和死亡率带来十分显著的益处。

2.体重减轻和血糖控制 据推测，体重减轻和血糖控制改善是SGLT2抑制剂治疗的心脏保护作用的基础。然而，有一些关键因素值得讨论。SGLT2抑制剂治疗导致的体重降低是由于胰高血糖素与胰岛素比率增加导致脂质动员增加所致，这被认为是SGLT2抑制剂降低心力衰竭死亡率的机制之一。然而，在没有糖尿病的情况下，目前没有证据表明它可以使心力衰竭患者的体重减轻，因此不认为体重减轻是SGLT2抑制剂治疗导致心血管受益的主要机制。此外，尽管心力衰竭患者中肥胖率很高，但几乎没有确切的证据表明减肥对心力衰竭患者心功能、生活质量和运动耐量的影响。因此，仅靠减肥并不能解释心力衰竭中SGLT2抑制相关的益处。

高血糖促进RAAS的激活，从而导致血管紧张素Ⅱ和醛固酮的过量产生，这两种物质都会诱发心肌肥厚和纤维化，损害心脏舒张。高血糖还导致晚期糖基化终末产物的形成，导致胶原交联，纤维化增加，心肌刚度增加，心脏松弛受损。对小鼠的研究表明，达格列净减少肌成纤维细胞的炎症，这是一种不依赖SGLT2抑制剂、通过增加腺苷酸活化蛋白激酶（AMPK）的激活而介导的效应。此外，恩格列净已被证明通过抑制主动脉内皮SGLT2和最小化氧化应激来预防高血糖损伤蛋白酶活化受体2介导的血管扩张。

3.血细胞比容升高 SGLT2抑制剂治疗与肾脏促红细胞生成素的产生、红细胞质量和血细胞比容的增加有关。这些变化可能有助于改善心血管预后，尽管在达贝普丁阿尔法治疗后的血细胞比容也有类似增加，在左心室收缩功能不全患者中并没有观察到死亡率的改善。

总体而言，许多这些机制和公认的因素都与降低心血管风险有关。然而，SGLT2抑制剂疗法在这些领域的适度改善并不能为在大型临床试验中观察到的心力衰竭事件的显著益处提供明确解释，所涉及的关键途径仍需要进一步研究。

二、SGLT2抑制剂新的潜在益处机制

1.SGLT2抑制剂治疗对心脏的直接影响 心脏肥大、纤维化和炎症导致心力衰竭时心脏的不良重构，这是影响心力衰竭严重程度的关键因素。一些亚临床和临床研究已经证明了SGLT2抑制剂治疗在逆转不利的心脏重构方面的作用。虽然在2型糖尿病和左心

室肥厚患者中观察到了这种效果，但在心力衰竭患者中还没有观察到这种效果，这是耐人寻味的，特别是因为它对心血管的好处主要是围绕心力衰竭的结果。可能的解释是，即在心力衰竭的情况下，抑制SGLT2可能具有新的直接心脏保护作用，而不仅仅是改善心室负荷和重塑。实验数据还表明，恩格列净治疗可以保护非糖尿病射血分数保持的心力衰竭小鼠模型的心功能（通过横主动脉缩窄诱导）。在射血分数保持的非糖尿病心力衰竭猪模型中，达格列净治疗可通过降低交感神经张力逆转左心室向心性重构，减轻主动脉炎症反应和一氧化氮-环鸟苷3,5单磷酸（cGMP）-cGMP-依赖性蛋白激酶（NO-cGMP-PKG）通路的重新激活。

在大鼠心肌梗死模型中，SGLT2抑制剂可能减少心肌超氧化物释放、心肌成纤维细胞和炎症巨噬细胞的存在及心肌纤维化。在糖尿病小鼠中，SGLT2抑制剂降低了TGF-β的表达，Ⅰ型和Ⅲ型胶原的水平，以及整体心脏纤维化。这种效应是否发生在人类身上尚不清楚。

迄今为止，在人类中使用SGLT2抑制剂的大多数成像研究（每个患者数量都相当少）显示，左心室射血分数或容积几乎没有任何变化，但舒张功能指数有所改善，可能是由于左心室质量的减少。然而，大多数研究排除了显性心力衰竭患者，许多患者在研究开始时心室容积正常。在一项详细的心脏MRI研究中，97例T2DM患者的HbA1c水平为6.5%～10.0%，已知冠状动脉疾病，eGFR≥60 ml/（min·1.73 m²），恩格列净治疗6个月使左心室体积减少3.35 g/m²（95% CI-5.90～-0.81 g/m²，$P=0.01$）。提示左心室质量减少与安慰剂调整后的动态收缩压下降（-6.8 mmHg，$P=0.003$）、舒张压下降（-3.2 mmHg，$P=0.02$）以及血细胞比容增加（2.3%，$P=0.000\ 3$）有关，但不能完全解释这一效应。

此外，一项转录组学研究表明，SGLT2抑制剂通过表观遗传修饰可能对心力衰竭患者有益。并且，恩格列净也被证明可以降低射血分数保持的终末期心力衰竭患者的孤立心室小梁的被动舒张张力。在静脉注射恩格列净后立即观察到这种改善，表明SGLT2抑制剂增加了肌丝调节蛋白的磷酸化水平。在射血分数保持不变的心力衰竭患者中，SGLT2抑制剂也被证明可以显著降低E/e'，从13.7 cm/s降至12.1 cm/s，从9.3 cm/s降至8.5 cm/s。也有报道恩格列净有改善阿霉素诱导心肌病小鼠的左心室泵功能。综上所述，这些发现提示，即使是在没有2型糖尿病的情况下，SGLT2抑制剂对射血分数保留的心力衰竭患者仍然有效，这一研究正在患者中进行。

2. 改善心肌代谢　心脏持续需要能量，并且能够消耗各种底物，包括葡萄糖和游离脂肪酸。在生理条件下，将近90%的心脏能量来自线粒体氧化代谢，燃料来自游离脂肪酸、葡萄糖，少量来自乳酸、酮体和氨基酸。在2型糖尿病或心力衰竭中，脂肪酸氧化失调，葡萄糖摄取或氧化受损，导致心肌功能障碍。在这种燃料选择受限、能量储备低的情况下，酮体是一种"超级燃料"，比葡萄糖或游离脂肪酸更有效地产生ATP。慢性灌注β-羟丁酸已被证明可以改善犬心动过速诱导的心衰模型的心功能、效率和重构。此外，酮体还通过抑制核苷分离寡聚结构域样受体P3（NLRP3）的激活来发挥抗炎作用。SGLT2抑制剂治疗增加肝脏酮体的合成，减少尿中酮体的排泄，产生轻度和持续性高酮血症。在这种情况下，β-羟丁酸酯（酮体）会被心脏和肾脏自由吸收并氧化，在小鼠心脏中，β-羟丁酸酯能增加心脏外做功，减少氧气消耗，从而提高心脏效率。因此，

SGLT2抑制剂治疗对心血管的益处可能与心脏代谢从脂肪酸和葡萄糖氧化转向氧效率更高的酮体有关。

SGLT2抑制剂可以改善患者的心脏代谢，支持这一观点的是，用恩格列净治疗缺血性心力衰竭的非2型糖尿病猪，通过将心肌底物的利用从葡萄糖转向游离脂肪酸、酮体和支链氨基酸的氧化，减少了不良的心脏重构。恩格列净治疗糖尿病小鼠可使心脏产生的ATP增加约30%，通过增加葡萄糖和脂肪酸的氧化速率。此外，SGLT2抑制剂卡格列净治疗4周已被证明可以减轻糖尿病和非糖尿病大鼠的心肌缺血和再灌注损伤。改善心脏代谢和增加小管液中镁和钾的重吸收也可能发挥抗心律失常作用，从而降低心脏性猝死的发生率。代谢底物失调、炎症、细胞凋亡增加和钙处理受损都被认为可以解释糖尿病心肌病的心脏损害。对2型糖尿病患者的研究表明线粒体功能障碍与心室肥厚和纤维化有关。SGLT2抑制剂可能改善线粒体功能，降低氧反应应激。

3.改善心肌的离子稳态　心肌中的钙稳态是一种精细平衡的机制，对于有效的兴奋收缩偶联是必不可少的。在收缩过程中，钙通过L型电压门控钙通道主动转运到心肌细胞内，与肌浆网上的兰尼定受体结合，导致"钙诱导的钙释放"。这反过来激活钙敏感收缩蛋白（肌钙蛋白C，肌钙蛋白NC），从而导致心肌收缩。在2型糖尿病和心力衰竭的情况下，氢钠交换体1和SGLT1均有上调，导致胞内钠含量明显增加。这通过膜结合的钠钙交换转运体促进钙内流，并通过线粒体钠钙交换转运体促进钙从线粒体流出（进入胞质）。基线细胞内钙含量升高导致糖尿病心肌细胞内钙瞬变减少，肌浆网钙储存减少，从而抑制收缩功能。

SGLT2抑制剂治疗通过抑制糖尿病大鼠和小鼠心肌细胞钠氢交换体1和SGLT1转运体来降低心肌细胞内钠含量，从而逆转钙超载。有趣的是，这种对钠氢交换体1和SGLT1的影响与糖尿病状态无关。这些发现提示心肌钙处理改变与糖尿病性心肌病和心力衰竭的发生有关，SGLT2抑制剂治疗可能改善衰竭心肌的电化学特性，这可能有助于其心血管益处。一项正在进行的临床试验将评估钙处理改变在糖尿病心肌病和心力衰竭中的作用，并确定SGLT2抑制剂治疗对心肌钙稳态的影响（NCT04591639）。这项研究使用了一种新的成像方法，称为锰增强磁共振成像（MRI）。锰起到钙类似物的作用，在钙处理完整的情况下，给予锰基造影剂可显著缩短心肌的T_1弛豫时间。因此，T_1缩短的速度可作为心肌钙处理能力的衡量标准，这也是该研究的主要终点。

4.自噬　自噬是一种通过去除潜在危险成分和回收细胞成分来维持细胞生理平衡的过程，以此作为对包括缺氧和饥饿在内的新陈代谢应激的适应性反应。实验诱导的自噬在心力衰竭中有良好的效果，因为它能有效处理功能失调的线粒体，线粒体是活性氧的主要来源，促进氧化应激和炎症。自噬诱导途径包括激活一磷酸腺苷活化蛋白激酶（AMPK）、sirtuin-1和缺氧诱导因子（HIF-1α和HIF-2α）。有学者提出，SGLT2抑制剂可能通过模拟由于持续的葡萄糖尿引起的分解代谢增加时期的营养耗竭来诱导自噬。事实上，各种SGLT2抑制剂疗法上调了AMPK、SIRT1和HIF-1α的表达。这些作用可能解释了SGLT2抑制剂治疗的自噬现象和相关的心血管益处。

5.脂肪因子调节的改变　如前所述，瘦素和脂联素是专门由脂肪细胞产生的细胞因子。这些"脂肪因子"在调节食物摄入量和能量平衡方面是必不可少的，瘦素与各种肥胖相关的心血管疾病有关，而脂联素则被认为具有心脏保护作用。脂联素和瘦素失调引起的心外膜脂肪沉积是心力衰竭发生的理论之一。心力衰竭患者血清瘦素浓度升高，与心脏纤维化和炎症引起的心脏重构有关。心外膜脂肪组织体积与冠状动脉疾病的严重程度、心脏代谢疾病的风险以及心房颤动和心肌病的发展和进展有关。心外膜脂肪具有强烈的代谢活性，特别是在糖尿病患者中，分泌促纤维化和促炎症细胞因子，可对潜在的心肌和冠状动脉产生不利影响。在一项小型随机临床试验中，达格列净治疗与心外膜脂肪组织体积缩小相关，而其他抗糖尿病治疗没有变化，这种减少与肿瘤坏死因子（TNF）的血浆浓度降低相关。心脏手术时收集的心外膜脂肪组织与达格列净一起培养，结果显示通过GLUT4摄取葡萄糖增加，促炎趋化因子分泌减少。

抑制SGLT2可降低血清瘦素水平，增加脂联素浓度，潜在地提供一些心脏保护作用。这些效应可能很好地反映了SGLT2抑制剂治疗的全身效应（包括体重减轻和脂肪分解）的继发性变化。

6.改善肝脏脂肪变性　非酒精性脂肪性肝病可先于代谢综合征和（或）2型糖尿病发展，与代谢综合征共存或随后发展。它的存在会增加胰岛素抵抗和全身炎症，并与心血管疾病的风险增加有关。SGLT2抑制剂可减少T2DM患者的肝脂肪变性，改善非酒精性脂肪肝病的生物学标志物。这些作用是否是SGLT2抑制剂心血管获益的重要机制尚不确定。

7.血管的影响　SGLT2抑制剂可降低收缩压和舒张压，但不增加心率。SGLT2抑制剂通过多种机制发挥抗炎作用，包括减轻体重、减少脂肪组织炎症、增加酮体和降低尿酸。卡格列净可能通过阻断血管内皮细胞中白介素-1β刺激的细胞因子和趋化因子分泌，从而抑制炎症途径，改善内皮功能。恩格列净可能通过使循环血管祖细胞向M2极化方向移动来发挥抗炎和血管再生作用。此外，恩格列净已被证明可以改善小鼠冠状动脉微血管功能和增加心排血量，这从超声成像显示的冠状动脉血流增加和心室面积变化分数得到证明。

此外，一些研究报道，即使短期使用SGLT2抑制剂，也能改善内皮细胞功能和降低主动脉僵硬程度。这些影响可以通过降低2型糖尿病患者的中心血压、脉压和正向波振幅来检测。这种机制可能是通过激活（至少部分）电压门控K^+通道和蛋白激酶G来介导的，而不依赖于内皮，尽管这一途径仅在体外兔胸主动脉中被清楚地证实。

8.心率　尽管使用SGLT2抑制剂可以降低血压和血浆量，但心率并不增加，这表明心脏交感神经抑制和（或）副交感神经张力增加。在临床试验中，使用RAAS抑制剂可能会改善由于血浆容量减少而导致的RAAS反射性增加（如在EMPA-REG结果试验和DECLARE-TIMI试验中，81%的患者在基线时接受了RAAS抑制剂）。最新的EMBODY研究显示，恩格列净可以改善糖尿病患者心率变异性和心率震荡。

9.降低血浆尿酸水平　SGLT2抑制剂可降低血浆尿酸水平；SGLT2抑制剂诱导的糖尿增加通过GLUT9b减少了近曲小管的尿酸吸收。在一项对62个SGLT2抑制剂的临床试验进行的荟萃分析中，发现尿酸降低了35～45 μmol/L（正常范围200～400 μmol/L），该效果在治疗开始的几天内出现，并持续整个试验期间（最长2年）。在糖尿病肾病和心力衰竭患者中观察到尿酸可增加氧化应激和活性氧水平，激活RAAS，增加炎症细胞因子水平，诱导NLRP3炎症小体的激活。此外，体外研究显示尿酸促进促炎症反应和血管壁内纤维化，增加血管平滑肌的周转率，增加了内皮细胞的凋亡率，通过减少一氧化氮产生和增加转换成氨基脲嘧啶来耗竭一氧化氮水平。

虽然血浆尿酸水平降低的临床益处的直接证据还不确定，但许多流行病学研究报告尿酸浓度和心血管预后之间具有很强的相关性。在EMPA-REG结局试验中，统计分析表明血浆尿酸水平的变化可略微降低心血管死亡率。

10. AGE介导的效应抑制　AGEs在血浆和血管组织中积累，通过与细胞外基质直接相互作用，导致动脉硬化和弹性降低。内皮细胞、血管平滑肌细胞和单核细胞表面的AGEs受体促进氧化应激，导致肾脏和动脉网的炎症和纤维化反应。

如上所述，AGE-RAGE信号的激活与冠状动脉疾病、急性心肌梗死和心力衰竭的风险增加相关。糖尿病大鼠肾脏经恩格列净治疗4周后，AGEs生成减少，AGE-RAGE轴（和氧化应激）受到抑制；经妥格列净或达格列净治疗的培养的人近端小管细胞显示AGE生成减少。研究显示，异丙利氟辛治疗后，与AGEs相关的类似益处和氧化应激的减少可改善糖尿病大鼠的内皮功能。在小鼠中，恩格列净改善心力衰竭患者的舒张功能，但不能使心肌AGEs水平正常。在人类心脏中，AGEs和AGE-RAGE信号评估SGLT2抑制剂作用的重要性尚不确定。

综上所述，SGLT2抑制剂改善心室负荷状况、心脏代谢、生物能学、心室重构，并发挥直接的心脏保护作用和可能的抗心律失常作用。SGLT2抑制剂治疗心血管获益的确切途径尚未建立，随着时间的推移可能会出现新的机制。SGLT2抑制可能在细胞水平上与其他关键通路相互作用或介导，从而促进心血管益处。因此，建立确切的受益机制是理解SGLT2抑制剂作用的关键，也可能打开新的和未探索的途径，为了解病理生理学和潜在的未来新的心力衰竭治疗提供丰富的途径。

第三节　SGLT2抑制剂预防和治疗心血管疾病的临床研究

2008年FDA和2012年EMA分别授权对新型抗糖尿病药物进行心血管安全性评估的临床试验。SGLT2抑制剂的随机临床试验研究的主要目的是观察SGLT2抑制剂与传统的抗糖尿病治疗相比，在主要不良心血管事件（MACE；心血管死亡、非致死性心肌梗死或非致死性脑卒中）方面的非劣效性，是否具有优势作为次要结局。总的来说，这些试验招收了心血管风险较高的患者，尽管在一些试验中，许多患者在登记时没有心血管疾病的临床证据。

3项已发表的SGLT2抑制剂评估心血管疗效结果的临床试验包括EMPA-REG OUTCOME试验、CANVAS计划和DECLARE-TIMI试验。另外2项SGLT2抑制剂评估糖尿病肾病患者心血管预后的主要临床试验：是CREDENCE试验和DAPA-HF试验，其中DAPA-HF试验45%的患者患有T2DM。表6-1列举了SGLT2抑制剂的大型临床研究。

表6-1　SGLT2抑制剂的大型随机结局试验

试验名称	EMPA-RAG结局	CANVAS计划	DECLARE-TIMI 58	CREDENCE	DAPA-HF
干预	恩格列净或安慰剂10mg或25mg	卡格列净或安慰剂100mg或300mg	达格列净或安慰剂10mg	卡格列净或安慰剂100mg	达格列净或安慰剂10mg
纳入人数（n）	7020例T2DM合并心血管病患者	10 142例T2DM合并心血管疾病或≥2种心血管危险因素的患者	17 160例T2DM合并已确定的心血管疾病或心血管疾病危险因素的患者	4401例T2DM合并有蛋白尿的慢性肾病患者接受RAAS阻断治疗	4744例在NYHA分级Ⅱ～Ⅳ中射血分数降低的心力衰竭（射血分数≤40%）患者（45%T2DM）
在基线状态时确定心血管疾病（%）	99	66	41	50	100例心力衰竭（56例缺血性病因）
平均随访时间（年）	3.1	3.6	4.2	2.6	1.5
基线糖化血红蛋白水平	稳定治疗者7%～10%，未用药者7%～9%	7%～10.5%	6.5%～12%	6.5%～12%	没有限制
eGFR［ml/（min·1.73m²）]	≥30	≥30	≥60	30～89	≥30
主要结局	3P MACE（HR 0.86, 95%CI 0.74～0.99）	3P MACE（HR 0.86, 95% CI 0.75～0.97）	3P MACE（HR 0.93, 95% CI 0.84～1.03）；因心血管疾病死亡或住院的患者（HR 0.83, 95% CI 0.73～0.95）	新的ESRD或加倍的血清肌酐水平或肾或心血管死亡（HR 0.66, 95% CI 0.53～0.81）	住院治疗的心力衰竭或心血管死亡，包括紧急到医院进行心力衰竭静脉治疗（HR 0.74, 95%CI 0.65～0.85）
心脏性猝死	HR 0.62, 95%CI 0.49～0.77	HR 0.87, 95% CI 0.72～1.06	HR 0.98, 95% CI 0.82～1.17	HR 0.78, 95% CI 0.61～1.00	HR 0.82, 95% CI 0.69～0.98
全因死亡率	HR 0.68, 95%CI 0.57～0.82	HR 0.87, 95% CI 0.74～1.01	HR 0.93, 95%CI 0.82～1.04	HR 0.83, 95% CI 0.68～1.02	HR 0.83, 95%CI 0.71～0.97
致死或非致死心肌梗死	HR 0.87, 95%CI 0.70～1.09	HR 0.89, 95% CI 0.73～1.09	HR 0.89, 95%CI 0.77～1.01	-	-
致死或非致死脑卒中	HR 1.18, 95%CI 0.89～1.56	HR 0.87, 95%CI 0.69～1.09	HR 1.01, 95%CI 0.84～1.21	-	-

续表

试验名称	EMPA-RAG 结局	CANVAS 计划	DECLARE-TIMI 58	CREDENCE	DAPA-HF
因心力衰竭住院	HR 0.65，95%CI 0.50～0.85	HR 0.67，95%CI 0.52～0.87	HR 0.73，95%CI 0.61～0.88	HR 0.61，95% CI 0.47～0.80	HR 0.70，95%CI 0.59～0.83
其他结局	4P MACE（HR 0.89，95% CI 0.78～1.01）	心血管死亡或心力衰竭住院（HR 0.78，95% CI 0.67～0.91）；蛋白尿的进展（HR 0.73，95% CI 0.67～0.79）	eGFR下降 ≥40%至＜60 ml/(min·1.73 m²)或出现新的ESRD或死于肾或心血管原因（HR 0.76，95%CI 0.67～0.87）	3P MACE（HR 0.80，95%CI 0.67～0.95）；4P MACE（HR 0.74，95%CI 0.63～0.86）；心血管死亡或心力衰竭住院（HR 0.69，95% CI 0.57～0.83）；血清肌酐水平翻倍或肾脏疾病死亡（HR 0.66，95% CI 0.53～0.81）	因心血管疾病死亡或心力衰竭住院（HR 0.75，95% CI 0.65～0.85）；ESRD，肾脏病死亡或eGFR下降≥50%持续≥28天（HR 0.71，95%CI 0.44～1.16）

　　EMPA-REG结局事件试验在接受标准药物治疗的2型糖尿病和已确诊的心血管疾病患者中进行，结果显示，与安慰剂相比，恩格列净治疗降低了MACE的风险，主要是由于心血管死亡风险的降低，全因死亡率也降低了，因心力衰竭住院的风险也降低了。2型糖尿病和心血管事件高危患者（66%已确诊心血管疾病）的CANVAS项目也显示，与安慰剂相比，卡格列净治疗可降低MACE风险，尽管心血管死亡和全因死亡率的降低没有显著性意义。在DECLARE-TIMI试验中，有2型糖尿病和已确诊的心血管疾病（40%）或有心血管疾病风险的患者，与安慰剂相比，达格列净治疗的MACE、心血管死亡和全因死亡率没有显著差异，但与其他试验一样，达格列净治疗在临床和统计上显著降低了心力衰竭住院率。对这些研究的荟萃分析显示心血管疾病患者心血管死亡降低以及心血管疾病高危人群的心血管死亡可能有降低的趋势，所有高危人群因心力衰竭住院的风险也都降低了。

　　VERTIS-CV是一项随机双盲多中心研究，纳入糖尿病合并高风险的动脉粥样硬化心血管疾病的患者8246例，给予5mg或15mg的埃格列净（ertugliflozin）或安慰剂治疗，平均随访3.5年。接受不同剂量的埃格列净治疗组和安慰剂治疗组在主要心血管不良事件的发生率没有统计学差异（11.9% vs. 11.9%）。埃格列净治疗组，心血管死亡或心力衰竭住院的发生率为8.1%，安慰剂组为9.1%，危害比为0.88。因此认为在2型糖尿病合并动脉粥样硬化心血管疾病的患者中，埃格列净在主要心血管不良事件中不优于安慰剂。

　　CREDENCE研究纳入了T2DM患者和有白蛋白尿的慢性肾病患者，这些患者估计的肾小球滤过率（eGFR）在30～90 ml/(min·1.73 m²)，大部分eGFR＜60 ml/

（min·1.73 m²）。尽管在开展此项研究时，SGLT2抑制剂仍然只推荐在eGFR＞60 ml/（min·1.73m²）的患者中使用。与安慰剂组相比，卡格列净组ESRD复合终点［透析、肾移植或eGFR持续降低至＜15ml/（min·1.73m²）］、血清肌酐水平翻倍或心血管及肾脏原因死亡的相对风险降低34%。卡格列净的疗效在短期内便如此令人惊喜，以至于该临床试验因结果太好而提前结束。所有患者均在基线时接受肾素-血管紧张素-醛固酮系统（RAAS）抑制剂治疗，卡格列净组心血管死亡、心肌梗死或卒中的次级复合终点降低了20%，心力衰竭住院率降低了39%。心血管和肾脏保护的观察独立于血糖控制（如在EMPA-REG结局试验中），支持一种独立于血糖降低的获益机制。

DAPA-HF试验包括HFrEF患者，其中45%在基线时有T2DM的证据。随访期间（中位18.2个月），随机分配接受达格列净（除最佳药物治疗外）的患者与分配接受安慰剂的患者相比，心血管死亡或心力衰竭恶化（住院或急诊导致心力衰竭静脉治疗）的风险显著降低了26%，因心血管疾病死亡的风险降低了18%，全因死亡率也有类似的降低。在2型糖尿病患者和非2型糖尿病患者中，效应相似，再次表明了除血糖控制外的获益机制。对于T2DM患者，HbA1c水平的降低程度适中（-0.24%），与CREDENCE试验中相似（-0.25%，试验期间的平均水平）。总的来说，达格列净降低收缩压的幅度也很小（-1.3 mmHg）。

2021年欧洲心脏病学会（European Society of Cardiology，ESC）心力衰竭指南首次将SGLT2抑制剂纳入了HFrEF治疗的标准治疗方案中。

（闻　萍　石彩凤）

参 考 文 献

Abdurrachim D，Teo XQ，Woo CC，et al. Empagliflozin reduces myocardial ketone utilization while preserving glucose utilization in diabetic hypertensive heart disease：A hyperpolarized（13）C magnetic resonance spectroscopy study. Diabetes Obes Metab，2019，21（2）：357-365.

Aronow WS，Ahn C. Incidence of heart failure in 2，737 older persons with and without diabetes mellitus. Chest，1999，115（3）：867-868.

Beuckelmann DJ，Nabauer M，Erdmann E. Intracellular calcium handling in isolated ventricular myocytes from patients with terminal heart failure. Circulation，1992，85（3）：1046-1055.

Camici PG，Crea F. Coronary microvascular dysfunction. N Engl J Med，2007，356（8）：830-840.

Cannon CP，Pratley R，Dagogo-Jack S，et al. Cardiovascular outcomes with ertugliflozin in type 2 diabetes. N Engl J Med，2020，383（15）：1425-1435.

Cavender MA，Steg PG，Smith SC，et al. Impact of diabetes mellitus on hospitalization for heart failure，cardiovascular events，and death：outcomes at 4 years from the reduction of atherothrombosis for continued health（REACH）registry. Circulation，2015，132（10）：923-931.

Cherney DZ，Perkins BA，Soleymanlou N，et al. The effect of empagliflozin on arterial stiffness and heart rate variability in subjects with uncomplicated type 1 diabetes mellitus. Cardiovasc Diabetol，2014，13：28.

Chilian WM. Coronary microcirculation in health and disease. Summary of an NHLBI workshop. Circulation，1997，95（2）：522-528.

Connelly KA，Zhang Y，Visram A，et al. Empagliflozin improves diastolic function in a nondiabetic rodent model of heart failure with preserved ejection fraction. JACC Basic Transl Sci, 2019, 4（1）: 27-37.

Cosentino F, Cannon CP, Cherney DZI, et al. Efficacy of ertugliflozin on heart failure-related events in patients with type 2 diabetes mellitus and established atherosclerotic cardiovascular disease: results of the VERTIS CV trial. Circulation, 2020, 142（23）: 2205-2215.

De Rosa S, Arcidiacono B, Chiefari E, et al. Type 2 diabetes mellitus and cardiovascular disease: genetic and epigenetic links. Front Endocrinol（Lausanne）, 2018, 9: 2.

Diaz-Rodriguez E, Agra RM, Fernandez AL, et al. Effects of dapagliflozin on human epicardial adipose tissue: modulation of insulin resistance, inflammatory chemokine production, and differentiation ability. Cardiovasc Res, 2018, 114（2）: 336-346.

Durham AL, Speer MY, Scatena M, et al. Role of smooth muscle cells in vascular calcification: implications in atherosclerosis and arterial stiffness. Cardiovasc Res, 2018, 114（4）: 590-600.

El-Daly M, Pulakazhi Venu VK, Saifeddine M, et al. Hyperglycaemic impairment of PAR2-mediated vasodilation: Prevention by inhibition of aortic endothelial sodium-glucose-co-Transporter-2 and minimizing oxidative stress. Vascul Pharmacol, 2018, 109: 56-71.

Hallow KM, Helmlinger G, Greasley PJ, et al. Why do SGLT2 inhibitors reduce heart failure hospitalization? A differential volume regulation hypothesis. Diabetes Obes Metab, 2018, 20（3）: 479-487.

Hummel CS, Lu C, Loo DD, et al. Glucose transport by human renal Na＋/D-glucose cotransporters SGLT1 and SGLT2. Am J Physiol Cell Physiol, 2011, 300（1）: C14-21.

Inzucchi SE, Zinman B, Fitchett D, et al. How does empagliflozin reduce cardiovascular mortality? insights from a mediation analysis of the EMPA-REG OUTCOME trial. Diabetes Care, 2018, 41（2）: 356-363.

Lan NSR, Fegan PG, Yeap BB, et al. The effects of sodium-glucose cotransporter 2 inhibitors on left ventricular function: current evidence and future directions. ESC Heart Fail, 2019, 6（5）: 927-935.

Lee TM, Chang NC, Lin SZ. Dapagliflozin, a selective SGLT2 inhibitor, attenuated cardiac fibrosis by regulating the macrophage polarization via STAT3 signaling in infarcted rat hearts. Free Radic Biol Med, 2017, 104: 298-310.

Li C, Zhang J, Xue M, et al. SGLT2 inhibition with empagliflozin attenuates myocardial oxidative stress and fibrosis in diabetic mice heart. Cardiovasc Diabetol, 2019, 18（1）: 15.

Lim VG, Bell RM, Arjun S, et al. SGLT2 Inhibitor, canagliflozin, attenuates myocardial infarction in the diabetic and nondiabetic heart. JACC Basic Transl Sci, 2019, 4（1）: 15-26.

Lind M, Bounias I, Olsson M, et al. Glycaemic control and incidence of heart failure in 20, 985 patients with type 1 diabetes: an observational study. Lancet, 2011, 378（9786）: 140-146.

Lind M, Svensson AM, Rosengren A. Glycemic control and excess mortality in type 1 diabetes. N Engl J Med, 2015, 372（9）: 880-881.

Matsutani D, Sakamoto M, Kayama Y, et al. Effect of canagliflozin on left ventricular diastolic function in patients with type 2 diabetes. Cardiovasc Diabetol, 2018, 17（1）: 73.

McMurray JJV, Solomon SD, Inzucchi SE, et al. Dapagliflozin in patients with heart failure and reduced ejection fraction. N Engl J Med, 2019, 381（21）: 1995-2008.

Mordi NA, Mordi IR, Singh JS, et al. Renal and cardiovascular effects of SGLT2 inhibition in combination with loop diuretics in patients with type 2 diabetes and chronic heart failure: The RECEDE-CHF Trial. Circulation, 2020, 142（18）: 1713-1724.

Morrish NJ, Wang SL, Stevens LK, et al. Mortality and causes of death in the WHO Multinational Study of Vascular Disease in Diabetes. Diabetologia, 2001, 44 Suppl 2: S14-21.

Nassif ME, Windsor SL, Tang F, et al. Dapagliflozin effects on biomarkers, symptoms, and functional status in patients with heart failure with reduced ejection fraction: The DEFINE-HF Trial. Circulation, 2019, 140 (18): 1463-1476.

Neal B, Perkovic V, Matthews DR. Canagliflozin and cardiovascular and renal events in type 2 diabetes. N Engl J Med, 2017, 377 (21): 2099.

Oh CM, Cho S, Jang JY, et al. Cardioprotective potential of an SGLT2 inhibitor against doxorubicin-induced heart failure. Korean Circ J, 2019, 49 (12): 1183-1195.

Pabel S, Wagner S, Bollenberg H, et al. Empagliflozin directly improves diastolic function in human heart failure. Eur J Heart Fail, 2018, 20 (12): 1690-1700.

Packer M, Anker SD, Butler J, et al. Cardiovascular and renal outcomes with empagliflozin in heart failure. N Engl J Med, 2020, 383 (15): 1413-1424.

Panting JR, Gatehouse PD, Yang GZ, et al. Abnormal subendocardial perfusion in cardiac syndrome X detected by cardiovascular magnetic resonance imaging. N Engl J Med, 2002, 346 (25): 1948-1953.

Pappachan JM, Varughese GI, Sriraman R, et al. Diabetic cardiomyopathy: Pathophysiology, diagnostic evaluation and management. World J Diabetes, 2013, 4 (5): 177-189.

Park JJ, Kim SH, Kim MA, et al. Effect of hyperglycemia on myocardial perfusion in diabetic porcine models and humans. J Korean Med Sci, 2019, 34 (29): e202.

Perkovic V, Jardine MJ, Neal B, et al. Canagliflozin and renal outcomes in type 2 diabetes and nephropathy. N Engl J Med, 2019, 380 (24): 2295-2306.

Sato T, Aizawa Y, Yuasa S, et al. The effect of dapagliflozin treatment on epicardial adipose tissue volume. Cardiovasc Diabetol, 2018, 17 (1): 6.

Sattar N, Fitchett D, Hantel S, George JT, et al. Empagliflozin is associated with improvements in liver enzymes potentially consistent with reductions in liver fat: results from randomised trials including the EMPA-REG OUTCOME (R) trial. Diabetologia, 2018, 61 (10): 2155-2163.

Seferovic PM, Petrie MC, Filippatos GS, et al. Type 2 diabetes mellitus and heart failure: a position statement from the Heart Failure Association of the European Society of Cardiology. Eur J Heart Fail, 2018, 20 (5): 853-872.

Sha S, Polidori D, Heise T, et al. Effect of the sodium glucose co-transporter 2 inhibitor canagliflozin on plasma volume in patients with type 2 diabetes mellitus. Diabetes Obes Metab, 2014, 16 (11): 1087-1095.

Shi L, Zhu D, Wang S, et al. Dapagliflozin attenuates cardiac remodeling in mice model of cardiac pressure overload. Am J Hypertens, 2019, 32 (5): 452-459.

Solini A, Seghieri M, Giannini L, et al. The effects of dapagliflozin on systemic and renal vascular function display an epigenetic signature. J Clin Endocrinol Metab, 2019, 104 (10): 4253-4263.

Swedberg K, Young JB, Anand IS, et al. Treatment of anemia with darbepoetin alfa in systolic heart failure. N Engl J Med, 2013, 368 (13): 1210-1219.

Tan Y, Zhang Z, Zheng C, et al. Mechanisms of diabetic cardiomyopathy and potential therapeutic strategies: preclinical and clinical evidence. Nat Rev Cardiol, 2020, 17 (9): 585-607.

Verma S, Mazer CD, Yan AT, et al. Effect of empagliflozin on left ventricular mass in patients with type 2 diabetes mellitus and coronary artery disease: The EMPA-HEART cardiolink-6 randomized clinical trial. Circulation, 2019, 140 (21): 1693-1702.

Wiviott SD, Raz I, Bonaca MP, et al. Dapagliflozin and cardiovascular outcomes in type 2 diabetes.

N Engl J Med, 2019, 380 (4): 347-357.

Zhang N, Feng B, Ma X, et al. Dapagliflozin improves left ventricular remodeling and aorta sympathetic tone in a pig model of heart failure with preserved ejection fraction. Cardiovasc Diabetol, 2019, 18 (1): 107.

Zhao Y, Xu L, Tian D, et al. Effects of sodium-glucose co-transporter 2 (SGLT2) inhibitors on serum uric acid level: A meta-analysis of randomized controlled trials. Diabetes Obes Metab, 2018, 20 (2): 458-462.

Zhou H, Wang S, Zhu P, et al. Empagliflozin rescues diabetic myocardial microvascular injury via AMPK-mediated inhibition of mitochondrial fission. Redox Biol, 2018, 15: 335-346.

Zinman B, Wanner C, Lachin JM, et al. Empagliflozin, cardiovascular outcomes, and mortality in type 2 diabetes. N Engl J Med, 2015, 373 (22): 2117-2128.

第七章

SGLT2抑制剂与慢性肾脏病

慢性肾脏病（chronic kidney disease，CKD）是威胁人类健康的全球性公共卫生难题，给社会和家庭带来沉重的负担。中国成年人慢性肾脏病的患病率为10.8%，且有逐年增加的趋势。由糖尿病引起的慢性肾脏病，称为糖尿病肾病（diabetic kidney disease，DKD），是肾衰竭的最常见原因，占所有病例的50%。随着世界各地糖尿病患者人数的急剧增加，糖尿病并发症的负担也同时加重。约30%的1型糖尿病患者和40%的2型糖尿病患者患有DKD，这是糖尿病最致残和最致命的并发症之一。

目前CKD患者治疗措施越来越多，包括控制血压、应用血管紧张素转化酶抑制剂（angiotensin converting enzyme inhibitors，ACEI）或血管紧张素受体阻滞剂（angiotensin receptor blockers，ARB）、降低心血管风险（如应用降脂治疗）及疾病特异性治疗，如免疫抑制剂或血管加压素受体抑制剂等。在过去的近10年里，钠-葡萄糖共转运体2（sodium-glucose co-transporter 2，SGLT2）抑制剂在降低心血管事件和肾衰竭的风险方面表现出显著优势。SGLT2抑制剂是近年来新研制出的抑制肾小管葡萄糖重吸收的靶点治疗药物。越来越多证据表明，SGLT2抑制剂除了能有效降低血糖外，对肾脏具有额外的保护作用。2012年以来上市的SGLT2抑制剂有卡格列净（canagliflozin）、达格列净（dapagliflozin）、恩格列净（empagliflozin）、鲁格列净（luseogliflozin）、伊格列净（ipragliflozin）、托格列净（tofogliflozin）和埃格列净（ertugliflozin）等。2017年达格列净、卡格列净和恩格列净陆续在我国上市。

目前SGLT2抑制剂对肾脏作用的相关数据主要来自几项大型临床研究：包括恩格列净在2型糖尿病患者的心血管结局事件研究（EMPA-REGOUTCOME）和恩格列净治疗心力衰竭患者的心血管和肾脏结局研究（EMPEROR-Reduced）；卡格列净的心血管评估研究（CANVAS）和肾脏评估研究（CANVAS-R）以及侧重卡格列净在糖尿病肾病中肾脏结局的研究（CREDENCE）；达格列净对心血管事件的影响研究（DECLARE-TIMI58）和达格列净与心力衰竭不良结局的预防研究（DAPA-HF）；此外近期还在进行中的达格列净预防肾脏不良结局（DAPA-CKD）研究等。

第一节　SGLT2抑制剂改善糖尿病肾病的肾脏结局

SGLT2在2型糖尿病患者的近端肾小管上皮细胞中的表达比在健康个体中更丰富，造成葡萄糖的过度重吸收。SGLT2抑制剂通过减少近端肾小管葡萄糖的重吸收增加尿葡萄糖排泄来逐步控制血糖，其降糖效果与胰岛素无关，很少引起低血糖。血糖的控制一直与微血管并发症改善密切相关，因此，靶向肾脏中的葡萄糖代谢似乎是改善2型糖尿病患者血糖和控制并发症的有效措施。

几项临床试验证明了SGLT2抑制剂的肾脏保护作用，包括2型糖尿病患者的恩格列净心血管事件试验（EMPA-REG OUTPUT）、卡格列净的心血管评估研究（CANVAS）和达格列净对心血管事件的影响-心肌梗死溶栓58（DEARE-TIMI 58）研究。Zelniker等进行了一项系统综述，纳入了这3项研究的34 322名参与者，并得出结论：SGLT2抑制剂可将肾功能恶化、终末期肾病（end-stage kidney disease，ESKD）或因肾脏疾病死亡的风险降低45%。此外，治疗效果会因肾小球滤过率（estimated glomerular filtration rate，eGFR）不同而改变。

最近，卡格列净的糖尿病肾病临床评估（CREDENCE）研究在肾脏终点达到预先指定的疗效标准后提前停止。与以往关注心血管终点的研究不同，CREDENCE的主要结果是ESKD、血清肌酐翻倍或肾脏或心血管原因死亡的综合结果。研究证实，在2型糖尿病患者中，长期使用卡格列净可诱导肾脏和心血管保护作用。该实验入组患有糖尿病和蛋白尿的CKD患者，即入组患者的eGFR在30～90 ml/（min·1.73 m²）[平均为56 ml/（min·1.73 m²）]且尿白蛋白/肌酐比（urinary albumin-to-creatinine ratio，UACR）在300～5000 mg/g。所有入组患者在随机分组前至少接受4周稳定剂量的ACEI或ARB治疗，不允许联合使用ACEI和ARB、直接肾素抑制剂或盐皮质激素受体拮抗剂的双剂治疗。患者以双盲的方式随机分配接受卡格列净（100 mg，每日1次口服）或匹配安慰剂治疗。主要评价指标包括ESKD[透析至少30天，肾移植或eGFR＜15 ml/（min·1.73 m²）]、至少30天的血肌酐水平比基线水平增加1倍、死于肾脏或心血管疾病等。研究结果显示，与安慰剂组相比，卡格列净治疗组ESKD、血清肌酐水平翻倍、肾脏或心血管死亡的主要复合结局事件发生率显著降低（分别是43.2/1000例·年和61.2/1000例·年），相对风险降低30%（风险比0.70，95%置信区间0.59～0.82）。此外，卡格列净组UACR平均值降低31%（95%置信区间0.26～0.35）。综上所述，这些试验的结果支持SGLT2抑制剂能够改善糖尿病患者的肾脏疾病结局。

EMPA-REGOUTCOME是第一个证明使用SGLT2抑制剂恩格列净治疗可将DKD患者肾病结局的风险[严重的蛋白尿增加、血清肌酐翻倍并伴有eGFR≤45 ml/（min·1.73 m²）、需要开始肾脏替代治疗或死于肾脏疾病]降低至12.7%，而安慰剂组为18.8%（风险比为0.61；95%置信区间为0.53～0.70）。研究对象平均eGFR为74ml/（min·1.73m²），26%的研究对象eGFR＜60 ml/（min·1.73m²），40%有蛋白尿。重要的是，恩格列净组的eGFR稳定，安慰剂组的eGFR下降。亚组分析结果显示：恩格列净治疗组肾脏病发生或恶化的风险降低了39%、进展为大量蛋白尿的相对风险降低了38%、血清肌酐水平翻倍风险显著降低了44%，此外，开始肾脏替代治疗的风险显著降低了55%。这些发现在CANVAS研究中得到了证实，其平均eGFR为76 ml/（min·1.73m²），20%的eGFR＜60 ml/（min·1.73m²），30%有蛋白尿。继发性肾病结局（eGFR持续降低40%，需要肾脏替代治疗，或死于肾脏疾病）在卡格列净组中的发生率低于安慰剂组（风险比为0.60；95%置信区间0.47～0.77）。

同时在DECLARE-TIMI 58心血管结果试验中，包括2型糖尿病患者，无论是否存在已确定的动脉粥样硬化性心血管疾病或适度保留的肾功能，均显示达格列净降低了47%的肾脏特异性结果（95%置信区间为0.21～0.77；P＜0.000 1）。此外，达格列净可以促使eGFR持续下降减少46%，包括减少至少40%的GFR低于60 ml/（min·1.73

m^2）的患者（达格列净组的危险比为0.54；95%置信区间为0.43～0.67；$P<0.0001$）和69%的ESRD患者（达格列净组的危险比为0.31；95%置信区间为0.13～0.79；$P=0.013$）。

为了探索SGLT2抑制剂肾脏保护作用的潜在机制，Zelniker等进行了一项单独的系统综述，比较了SGLT2抑制剂和胰高血糖素样肽1受体激动剂（GLP1-RAs）的作用。结果显示GLP1-RAs（危险比0.82；95%置信区间为0.75～0.89；$P<0.001$）和SGLT2抑制剂（危险比0.62；95%置信区间为0.58～0.67；$P<0.001$）均显著降低了复合终点（大量蛋白尿、血清肌酐水平翻倍或eGFR、ESKD或肾死亡下降40%）。然而，只有SGLT2抑制剂降低了eGFR恶化、ESKD或肾死亡的风险（危险比0.55；95%置信区间为0.48～0.64；$P<0.001$）。此外，SGLT2抑制剂还防止血清肌酐翻倍的风险。这些结果表明SGLT2抑制剂可能比GLP1-RAs更有效地预防糖尿病肾病的进展。

虽然SGLT2抑制剂在肾脏保护方面显现出巨大优势，但在SGLT2抑制剂被广泛用作糖尿病肾病的特异性治疗之前，临床医师应该考虑以下几个问题。第一，受试者多为eGFR超过30ml/（min·1.73 m^2）的患者，SGLT2抑制剂的肾脏保护作用尚需要在更晚期CKD患者中进一步验证。第二，SGLT2抑制剂促使大量葡萄糖排泄到尿液中，这可能导致饮食受限的老年患者缺乏能量储存。在使用SGLT2抑制剂治疗之前，建议对老年患者进行营养评估。第三，SGLT2抑制剂增加了糖尿病酮症酸中毒的风险，限制了这些药物在1型糖尿病患者中的研究和使用。SGLT2抑制剂的作用机制表明，它们的肾脏保护作用也可能适用于非糖尿病慢性肾病患者。需要额外的研究来评估SGLT2抑制剂在非糖尿病患者和晚期慢性肾病患者中的肾脏保护作用。

第二节　SGLT2抑制剂改善非糖尿病CKD患者的肾脏预后

对糖尿病人群心血管事件的事后分析表明SGLT2获益可能独立于血糖的变化。在对EMPAREG OUTCOME的一项分析中，Cooper等证实无论基线或试验过程中糖化血红蛋白（HbA1c）变化程度如何，都可以获得肾脏终点益处。之前不同SGLT2抑制剂研究也提示血压、蛋白尿和体重等肾脏健康评价指标的变化在很大程度上独立于血糖控制，进一步强调了SGLT2抑制剂肾脏获益不仅仅因为降糖作用。基于SGLT2抑制剂对糖尿病相关并发症的保护与葡萄糖代谢改善无关的假设，EMPA-REG OUTCOME研究发现血细胞比容和血红蛋白的增加在统计学上与心血管保护最密切相关。在同一分析中，血糖相关参数与心血管获益无关。Heerspink等在一项涉及1450例2型糖尿病患者的临床试验的二次分析中也说明了这一点，该试验显示，与格列美脲相比，两组之间的HbA1c差异不大，但卡格列净在2年内的年eGFR下降和蛋白尿情况更好。最后，在CREDENCE中，无论HbA1c或eGFR，卡格列净对肾脏的益处在不同亚组之间似乎是一致的。

支持SGLT2抑制剂的血糖非依赖性益处的进一步证据来自最近的心力衰竭试验。DAPA-HF和EMPEROR-Reduced试验是第一个研究SGLT2抑制剂对心力衰竭伴射血分数降低（有和无2型糖尿病）患者的大型试验。与安慰剂相比，达格列净组心力衰竭恶化或心血管死亡的主要综合结果降低了26%，这种治疗效果在有或没有2型糖尿病的参与者中是一致的。两组间肾脏复合结局（eGFR 下降≥50%，ESKD 或肾脏死亡）没有明显差异，但两组间 eGFR 下降存在统计学差异，且这种差异在不同血糖水平分层分析中持续存在。与 DAPA-HF 相似，EMPEROR-Reduced 试验显示无论是否有 2 型糖尿病，恩格列净组 eGFR 下降速度较慢。预先指定的复合肾脏结果，虽然总体上不常见，但安慰剂组发生人数是恩格列净组的两倍（风险比 0.5，95% 置信区间 0.32～0.77）。重要的是，EMPEROR-Reduced 包括基线时 eGFR 低至 20～45ml/（min·1.73m^2）的参与者。总之，这些分析的结果为 SGLT2 抑制剂在非糖尿病患者的益处提供了强有力的理论依据。

此外还有大量基础研究提示 SGLT2 抑制剂在非糖尿病 CKD 中的作用。Zhang 等随机分配 53 只大鼠进行肾次全切除术（SNx）或假手术构建非糖尿病 CKD 动物模型，并用达格列净治疗 12 周。发现达格列净治疗能够明显改善大鼠动物模型的高血压、蛋白尿和肾小球滤过率降低，但达格列净没有降低该模型的组织病理学损伤，如肾小球硬化和肾小管间质纤维化。Ma 等通过高草酸盐饮食构建的肾小管间质性肾损伤模型，与此同时，小鼠接受了恩格列净治疗，该药物对肾小球滤过率、血尿素氮、血清肌酐或与草酸钙结晶肾病相关的肾损伤生物标志物没有影响。

与这些中性发现相反，Zhang 等在缺血再灌注诱导的急性肾损伤模型中证明了 SGLT2 抑制剂鲁格列净对肾脏的有益作用，并认为肾脏保护作用可能由血管内皮生长因子-A 依赖性途径介导。Cassis 等还证明在单侧肾切除和反复注射牛血清白蛋白的蛋白超负荷损伤模型中，SGLT2 抑制剂达格列净能够减少蛋白尿、减轻肾小球损伤和足细胞损伤。有趣的是，与 SNx 模型中 SGLT2 的表达与对照组相比有所下降不同，Cassis 等报道了在人和小鼠活检标本中暴露于蛋白质负荷后足细胞 SGLT2 表达增加。作者随后证明，SGLT2 抑制剂直接作用于足细胞，改善白蛋白诱导的细胞骨架紊乱。Jaikumkao 和 Ali 在非糖尿病动物模型中的进一步研究表明，SGLT2 抑制剂可以改善炎症、氧化应激和纤维化。

Bay 等确定了卡格列净与安慰剂对 376 例非糖尿病肥胖受试者为期 12 周的效果。在研究期间，卡格列净降低了体重和血压，且 eGFR 减少，与 SGLT2 抑制介导的肾小球压力降低一致。随后，Rajasekeran 等进行了一项人-啮齿类动物联合研究，以评估达格列净对人类和 SNx 大鼠肾内血流动力学和蛋白尿的短期影响。在 10 例经活检证实的原发性或继发性 FSGS 病患者中，eGFR≥45ml/（min·1.73m^2），蛋白尿为 30 mg 到 6g/d，除了基线 eGFR≥90ml/（min·1.73m^2）患者外，达格列净治疗 8 周没有发现 eGFR 降低，此外，除了 24 小时尿蛋白水平低于中位数（1.89 g/d）外，蛋白尿没有明显减少。血压、体重或肾血流动力学参数（包括有效肾血浆流量、滤过分数、肾血管阻力和肾小球压力）也没有显著变化。这项研究的动物部分结果同样是中性的。重要的是，与 Cassis 等的发现不同，与对照组相比，6 名肥胖相关 FSGS 患者的活检标本中 SGLT2 mRNA 表达显著降低。总之，这些结果表明，SGLT2 抑制剂和肾脏保护相关的机制可能与 FSGS 患者的生理无关。SGLT2 抑制剂达格列净对非糖尿病慢性肾病患者蛋白尿的影响试验（DIAMOND）纳入 53 例非糖尿病性 CKD 患者、eGFR≥25～45ml/（min·1.73m^2），蛋白尿＝500～3500mg/d，随机接受为期 6 周的达格列净和安慰剂治疗，发现达格列净导致的 eGFR 的急性和可逆下降，在 6 周的治疗期间，DIAMOND 未证明对蛋白尿有影响，因此得出结论，在短期研究时间内，通过抑制 SGLT2 降低肾小球压力不会影响无糖尿病患者的蛋白尿。

达格列净和预防慢性肾脏病不良结局试验（DAPD-CKD）是第一个在患有和不患有糖尿病的CKD患者中进行SGLT2抑制剂的肾脏结局实验。DAPD-CKD发现与安慰剂相比，SGLT2抑制剂达格列净在降低CKD患者的肾脏和心血管事件风险方面更具优势，而且绝大多数参与者已经接受ACEI/ARB治疗。与CREDENCE研究不同，DAPA-CKD试验包括非糖尿病的CKD患者，进一步探索SGLT2抑制剂的益处是否扩展到非DKD患者。DAPD-CKD是评估SGLT2抑制剂对以肾脏终点为主要结果的CKD进展的三大临床试验（还包括CREDENCE和EMPA-KIDNEY）之一，它是第一个针对非糖尿病CKD患者SGLT2抑制剂试验，该试验共纳入1398例非糖尿病CKD患者。入组患者平均eGFR为43.1 ml/（min·1.73 m²），比CREDENCE平均低13.1 ml/（min·1.73 m²），因此该实验能够评估肾功能受损更严重患者的肾脏保护作用。结果显示与对照组相比，达格列净组复合结局的风险较低，即eGFR持续下降至少50%、终末期肾病，或死于肾脏或心血管原因死亡等。此外，达格列净组的患者死于心血管疾病或心力衰竭的风险更低，生存期更长。

这些结果也将先前DECLARETIMI-58试验中的发现扩展到肾功能受损的患者中。此外，EMPEROR Reduced和DAPA-HF试验亚组分析表明，在有和没有2型糖尿病的射血分数降低的心力衰竭患者中，SGLT2抑制剂降低了心力衰竭住院或心血管死亡的风险，并减缓了肾功能下降的进程。这三项临床试验表明，SGLT2抑制剂的有益效果超出了2型糖尿病患者的范围。

SGLT2抑制剂除了上述肾脏保护作用外，亦有研究发现其对蛋白尿的影响。在一项随机、双盲、安慰剂对照的小交叉试验中，评估了SGLT2抑制剂达格列净对非糖尿病CKD患者蛋白尿的影响（DIAMOND）。53例无糖尿病CKD患者［24小时尿蛋白排泄量＞500 mg且小于或等于3500 mg，平均eGFR为（58±23）ml/（min·1.73 m²）］被随机分配到达格列净和安慰剂组。达格列净组蛋白尿与基线达格列净水平和安慰剂相比改变了0.9%。在CREDENCE研究中，尿ACR降低31%。SGLT2抑制剂也增加了从严重到中度蛋白尿或正常，或从中度增加到正常消退的可能性。

值得一提的是，严重低血糖、骨折、酮症酸中毒、下肢截肢和福尼尔坏疽的发生率极低（除骨折外，每个事件的发生率为0～0.7%，2.0%～2.4%），在SGLT2抑制剂和安慰剂之间没有观察到差异。

然而，DAPA-CKD并不是肾脏病学界在这一研究领域的最终试验。恩格列净对心脏和肾脏的保护作用实验（EMPA-KINDEY，NCT03594110）目前正在进行中，目的是检查SGLT2抑制对糖尿病和非糖尿病CKD患者的影响，包括eGFR低至20 ml/（min·1.73m²）的患者。在eGFR为20～45ml/（min·1.73 m²）的个体中，纳入的UACR值可以在正常、微量或大量蛋白尿范围内。

总之，大量研究表明SGLT2抑制剂可用于非糖尿病CKD。在等待EMPA-KINDEY的结果之前，DAPA-CKD目前将SGLT2抑制剂的临床使用限制在eGFR＞25ml/（min·1.73m²）且蛋白尿至少为200mg/g的患者，其余情况需要进一步研究。SGLT2抑制剂在非糖尿病肾病中的相关研究总结见表7-1。

表 7-1　SGLT2 抑制剂在非糖尿病肾病中的研究总结

实验名称	实验设计	肾脏结果
临床实验研究		
DIAMOND	样本：选取 53 名非糖尿病 CKD 患者，eGFR ≥ 25 ml/（min · 1.73m^2），且尿蛋白 0.5 ～ 3.5g/d 干预措施：达格列净和安慰剂（交叉） 随访时间：6 周	蛋白尿没有变化； 达格列净组 eGFR 可逆性下降
DAPA-CKD	样本：选取 4304 名有或无糖尿病的 CKD 患者，eGFR ≥ 25 ml/（min · 1.73m^2），且 UACR ≥ 200mg/g 干预措施：达格列净或安慰剂 随访时间：2.4 年	达格列净显著降低 eGFR 下降 > 50%、发生 ESKD 和肾脏或心血管死亡风险
EMPA-KIDNEY（NCT03594110）	样本：入组约 5000 例有或无糖尿病的 CKD 患者，eGFR 20 ～ 45 ml/（min · 1.73m^2），或 45 ～ 90 ml/（min · 1.73m^2）且 UACR ≥ 200mg/g 干预措施：恩格列净或安慰剂 随访时间：4 年	主要复合重点：心血管死亡或肾脏疾病进展［ESKD，eGFR 持续下降 < 10 ml/（min · 1.73m^2），肾脏死亡或 ≥ 40%eGFR 持续下降］； 结果预计在 2022 年公布
Bay 等	样本：376 例非糖尿病患者（BMI：27 ～ 50 kg/m^2） 干预措施：对照组或达格列净组（剂量 50 ～ 300 mg/d） 随访时间：12 周	没有正式评估肾功能
Rajasekeran 等	样本：10 名非糖尿病且肾活检诊断为 FSGS，eGFR > 45 ml/（min · 1.73m^2）且尿蛋白 0.03 ～ 6g/d 干预措施：在 RAAS 阻断剂基础上达格列净 10 mg/d 随访时间：8 周	达格列净没有引起血流动力学或者蛋白尿的变化
动物实验		
Zhang 等	样本：53 只大鼠随机接受肾次全切除或假手术 干预措施：达格列净或安慰剂 随访时间：12 周	无论从临床（高血压、蛋白尿、肾小球滤过率下降）还是组织病理学（肾小球硬化和肾小管间质纤维化）角度，都没有证据表明达格列净对大鼠 CKD 模型具有肾脏保护作用
Ma 等（21）	样本：20 只非糖尿病小鼠喂食含草酸盐的食物 干预措施：恩格列净或安慰剂 随访时间：7 ～ 14 天	在该模型中没有肾脏保护的证据，对肾小球滤过率下降、血尿素氮、血清肌酐或草酸钙晶体沉积没有影响

续表

实验名称	实验设计	肾脏结果
Zhang等（22）	样本：缺血再灌注组或假手术组 干预措施：鲁格列净或安慰剂 随访时间：7天	改善肾小管间质损伤、肾小管周围毛细血管出血和肾纤维化
Cassis等（23）	样本：37只非糖尿病单侧肾切除小鼠接受对照或牛血清白蛋白注射诱导蛋白尿 干预措施：恩格列净和赖诺普利 随访时间：23天	达格列净减少蛋白尿、肾小球损伤和足细胞丢失
Jaikumkao等（24）	样本：24只糖尿病前期肥胖大鼠喂食高脂食物（HFD） 干预措施：单纯HFD，二甲双胍＋HFD或达格列净＋HFD 随访时间：4周	达格列净减少微量白蛋白尿、肾脏炎症和肾小管间质纤维化

第三节　SGLT2抑制剂在非糖尿病CKD中可能的肾脏保护机制

一、调节肾脏血流动力学

肾小管-肾小球反馈（TGF）通过调节小动脉维持肾小球滤过率，致密斑处的高氯化钠浓度导致传入神经小动脉收缩和肾小球滤过率降低。在CKD患者中观察到损伤导致的局灶性肾单位丢失，同时残余肾单位的肾小球滤过率代偿性增加。此外，啮齿类动物CKD模型发现肾单位TGF失活导致TGF异常反应。因此，抑制肾小球高滤过被认为可能能够减少肾损害。

大量研究评估了SGTL2抑制剂对肾小球血流动力学的影响，SGLT2抑制剂可降低肾脏灌注、肾小球内压、改善高滤过、从而恢复肾小管-肾小球反馈等。这些研究最初在实验模型或1型糖尿病患者中进行，结果显示SGLT2抑制剂通过抑制近端肾小管钠的吸收来减少超滤。简言之，在高血糖情况下，葡萄糖和钠的重吸收增加，远端肾小管向肾小球旁致密斑钠输送量减少，激活TGF。TGF激活引起肾传入神经小动脉扩张，导致肾小球内高压力。使用体内多光子显微镜成像技术在秋田小鼠（1型糖尿病模型）中进行的实验研究表明，抑制SGTL2导致传入肾动脉血管收缩、降低肾小球内压力和超滤。同时使用腺苷受体1拮抗剂会消除上述效应，提示SGLT2抑制剂诱导的TGF恢复和肾传入神经小动脉收缩是通过腺苷途径介导的。

肾小球高滤过是糖尿病和非糖尿病环境中肾脏损伤的常见途径，并与肾功能衰退的进展相关。SGLT2抑制剂能够恢复远端钠的输送，使TGF和传入神经张力正常化，降低肾小球内压力。临床上，开始使用SGLT2抑制剂数周后，eGFR急剧下降为4～6 ml/（min·1.73 m^2）。重要的是，这种eGFR的下降与长期治疗期间的远期肾功能保护有关，并且在停止SGLT2抑制剂后不久可恢复。SGLT2抑制剂上述现象的研究最初是在1型糖尿病模型中进行的。然而，这种机制是否也能够解释在参与大型心血管和肾脏结果试验的2型糖尿病患者中观察到的有益效果，直到2020年初才为人所知。在一项针对2型糖尿病患者的随机双盲试验中，van Bommel等证明达格列净会导致eGFR急剧下降，并伴有肾血流量和肾血管阻力的降低。与SGLT2抑制剂达格列净在1型糖尿病患者中的作用相反，GFR的急性下降可能归因于肾脏传出小动脉的血管舒张，类似于ACEI和ARBs减少单个肾单位肾小球高血压的作用。SGLT2抑制剂对1型糖尿病和2型糖尿病患者肾血流动力学生理的不同影响可能是由患者特征的差异引起的，包括基线肾血流动力学状态的差异，如血管阻力程度、年龄、糖尿病持续时间和合并用药；特别是ACEI或ARB和胰岛素。因此，虽然1型糖尿病和2型糖尿病患者肾小球滤过率的急性降低是一致的，但潜在的肾小球血流动力学效应可能不同，需要更多的研究进行探讨。

二、调节血压

高血压是进行性肾功能丧失的一个重要危险因素，血压降低与肾脏保护有关。SGLT2抑制剂分别降低收缩压和舒张压约4 mmHg和2 mmHg。SGLT2抑制剂降低血压的机制可能是多因素的。与其他降压药相比，SGLT2抑制剂的降压效果不依赖于起始血压水平，也独立于其他伴随的降压药的使用。目前认为SGLT2抑制剂降压机制主要包括强化利钠和渗透性利尿作用，降低细胞外液量和血浆容量等。

最初的临床研究表明SGLT2抑制剂每24小时增加约40毫当量的钠排泄。近端小管中的钠转运在很大程度上由顶端Na^+/H^+交换体3转运体（NHE3）介导。对小鼠的研究表明SGLT2和NHE3之间存在功能相关性。在非糖尿病小鼠中发现SGLT2抑制剂恩格列净可抑制NHE3活性，降低尿pH和碳酸氢盐排泄。值得注意的是，长期使用恩格列净治疗秋田小鼠升高了α-酮戊二酸，这可能会驱动远端氯化钠重吸收，以补偿近端钠重吸收的减少。与这些实验数据一致，一项大型心血管结局试验的结果表明，与安慰剂相比，SGLT2抑制剂卡格列净可降低高心血管风险的2型糖尿病患者的尿pH。尿pH的降低部分解释了卡格列净的肾脏保护作用。

虽然临床研究证明了SGLT2抑制剂的利钠/渗透利尿作用，但值得注意的是，这些研究没有记录或标准化钠的摄入。因此，钠排泄的变化不能排除钠摄入的变化。最近对坚持严格标准化钠饮食的2型糖尿病病患者和保留肾功能患者进行的一项研究表明，SGLT2抑制剂达格列净能够在24小时内显著降低血压，但钠排泄没有明显变化。这项研究表明，其他因素可能有助于SGLT2抑制剂的降血压作用。目前已经提出了许多与尿钠排泄无关的降血压作用机制。临床研究显示SGLT2抑制剂对动脉僵硬度、血管阻力以及内皮和血压变异性产生有利影响。此外，内皮糖萼也可能参与降血压作用。糖萼是一种覆盖内皮的凝胶状结构，在2型糖尿病患者中受损。SGLT2抑制剂已被证明能恢复糖萼的完整性。目前评估SGLT2抑制剂对2型糖尿病和CKD患者的钠尿排泄、血浆容量和血压的影响（NCT04620590）的临床研究正在进行中。

三、调节肾脏负荷和缺氧

在某些情况下，肾小球内压力下降导致肾脏灌注不良，这可能通过肾脏缺血诱导急性肾损伤（acute renal injury，AKI）。SGLT2抑制剂对于AKI的发生一直颇有争议。有研究显示SGLT2抑制剂的使用可能导致AKI，特别是在合并某些循环血容量减少的并发症的情况下更易发生。FDA2016年报告指出SGLT2抑制剂可能会增加AKI的风险，但2019年大型临床试验和荟萃分析表明应用SGLT2抑制剂可降低AKI的发生率，并提出可能是由于SGLT2抑制剂减少了肾小管负荷和缺氧。高血糖条件下SGLT2表达的增加会提高葡萄糖和钠的重吸收，导致ATP依赖的肾小管负荷和氧气需求增加。通过降低葡萄糖和钠重吸收，SGLT2抑制剂减轻肾小管负荷和氧消耗，缓解缺氧，降低AKI发生风险，这可能也解释了为什么SGLT2抑制剂能够减少AKI的近端小管损伤的生物标志物的表达，如肾损伤分子-1（KIM-1）。将钠重吸收转移到Henle袢的髓质粗升支，提高了外髓的需氧量，使该段容易缺血。肾小管这一段较低的髓质氧分压会刺激缺氧诱导因子（hypoxia inducible factor，HIF），尤其是HIF-2α，它会促进促红细胞生成素的产生，改善红细胞质量和携氧能力。临床研究也显示应用SGLT2抑制剂后促红细胞生成素短暂增加。因此，在一项使用卡格列净的大型多国肾脏转归试验（即CREDENCE试验）中，贫血风险（这是肾脏和心血管转归的独立预测因素）和开始抗贫血治疗的比例显著降低并不令人惊讶。正在进行的糖尿病和不同程度肾功能损伤患者的观察性研究和随机对照研究将使用氧或碳标记的正电子发射断层显像评估肾脏的氧化张力，并将对胰岛素抵抗、肾脏氧化、线粒体功能障碍、肾小球血流动力学和SGLT2抑制剂的影响之间的相互作用提供额外的见解（ROCKIES和CROCODILE；临床试验注册号：NCT04027530和NCT04074668）。

四、营养缺乏和酮体生成

近期研究还提示SGLT2抑制剂通过调节对代谢和燃料利用来预防肾衰竭。由于持续的糖尿，SGLT2抑制剂引起生理适应性代偿反应以对抗持续的葡萄糖损失。这些代偿机制包括内源性葡萄糖产生的增加，部分是通过升高胰高血糖素和降低胰岛素水平。这些效应刺激酮体生成和脂肪分解，并增加循环中β-羟丁酸含量，这是除葡萄糖之外的有效能源。事实上应用SGLT2抑制剂治疗后，尿β-羟丁酸盐浓度显著升高，并且β-羟丁酸盐的升高与2型糖尿病和慢性肾疾病患者的促红细胞生成素和血细胞比容的变化相关。此外，酮体水平的增加抑制Nod样受体含嘧啶结构域的蛋白3（Nod-like receptor pyrin domain-containing protein 3，NLRP3）炎症体，并减少单核细胞中白细胞介素-1β的产生。这些炎症介质可能在患者肾脏疾病的发展和进展中发挥重要作用。此外，酮体可能通过抑制由于高营养状态引起的过度活跃的雷帕霉素复合物1（mTORC1）信号来减少mTORC1调节的近端小管上皮细胞和足细胞损伤，改善肾功能。目前这一观点并没有得到统一，有研究质疑酮体在糖尿病环境中是"超级燃料"的概念，并提出β-羟丁酸的增加是由于产量增加还是清除率降低。此外，有研究提出SGLT2抑制剂不是增加燃料供应，而是诱导"休眠状态"，模拟类似动物的冬眠状态。根据这一假设，SGLT2抑制剂通过下调mTOR和上调AMP激活蛋白激酶（AMPK）和成纤维细胞生长因子21（FGF21）将细胞生命程序从防御状态转变为休眠状态，从而实现能量守恒。值得注意的是迄今为止进行的大多数研究都是在动物模型中进行的实验研究，未来的临床机制研究需要评估这些发现是否与人类心脏和肾脏直接相关。此类研究应测量体内酮体氧化速率和肾脏内源性葡萄糖生成，并评估与心脏和肾脏结构和功能的关系。

虽然关于燃料利用变化的理论是解释SGLT2抑制剂作用机制的一个有吸引力的假设，但应该注意的是，酮血症会导致肾小球超滤及其他潜在的有害影响。这就质疑酮体生成作为一种额外的能量供应，是否对肾脏具有直接的有利影响。还有一种假说是酮体生成是转录变化的指标，可以模拟营养缺乏状态并激活多种分子途径和生理变化，最终保护肾脏。根据这一假设，在应用SGLT2抑制剂情况下，酮生成是sirtuin-1（SIRT1）、AMPK和HIF共同激活的结果。由于糖尿效应，SGLT2抑制剂模拟饥饿状态，刺激SIRT1，一种烟酰胺腺嘌呤二核苷酸依赖性脱乙酰酶激活剂。SIRT1又能反过来激活AMPK。两者都是在细胞葡萄糖和能量稳态调节中各种重要基因的主要调节者。SIRT1增加酮体产量，促进能量转移。SIRT1与AMPK及其下游效应物，过氧化物酶体增殖物激活受体γ辅助激活因子-1α（PGC-1α）和能量平衡的调节因子FGF21的相互作用被认为可以减轻细胞应激并促进细胞存活。此外，SIRT1和AMPK以协调的方式激活自噬，降解受损线粒体和过氧化物酶体，减轻炎症过程并减少氧化应激。另一种营养和缺氧转录因子是HIF-2，它在SGLT2抑制过程中被激活，直接或通过SIRT1间接激活。HIF-2α促进过氧化物酶体的自噬和降解以及红细胞生成，并与SIRT1和AMPK激活结合，减轻氧化应激、缺氧和细胞器损伤，共同保护肾功能。SIRT1-AMPK-HIF-2α轴可能参与SGLT2抑制剂的作用机制，这一观点得到EMPAREG-OUTCOME和CAVEN试验的支持，造血标记物（即血红蛋白、血细胞比容、网织红细胞计数）和尿酸可作为氧化应激的代表，是SGLT2抑制剂心血管和肾脏益处的最重要介质。此外动物实验证实SGLT2抑制剂卡格列净通过AMPK、Akt和内皮一氧化氮合酶途径发挥抗氧化作用。

五、调节尿酸水平

除了上述机制，SGLT2抑制剂还有许多其他作用，可能有助于长期肾单位保护。高尿酸血症与肾脏炎症有关，各种观察研究记录了较高的血浆尿酸水平和进行性肾功能损伤之间存在强线性关系。SGLT2抑制剂降低尿酸，SGLT2抑制剂临床试验分析表明，尿酸的降低至少部分解释了其长期作用。实验研究表明，在非糖尿病小鼠中，SGLT2抑制剂的降尿酸作用需要尿酸盐转运蛋白（URAT-1），URAT-1是一种位于近端管状细胞顶膜上的高特异性尿酸盐转运体。有趣的是，最近的一项临床研究表明，将SGLT2抑制剂达格列净添加到URAT-1抑制剂维立诺雷（verinurad）中，可以进一步降低尿酸水平，但不会增加不良事件的发生率，这表明两种药物可以联合使用以实现所需的尿酸目标。

六、调节交感神经活性

交感神经系统（SNS）在多种疾病如慢性肾脏病、高血压和充血性心力衰竭患者中均可被激活。SGLT2抑制剂的利尿作用是其降血压作用的最可能机制。心率缺乏代偿性增加提示SNS活性可能相应减弱，这可能是SGLT2与其他利尿剂相比的优势。已经有研究证实SNS活性增加与血压升高和血糖控制受损之间存在相关性。因此，通过抑制SGLT2来减弱SNS活性可能有助于肾脏保护。已经在人肾细胞和肥胖小鼠模型中研究了SGLT2抑制和SNS活性之间的相互作用。在人肾细胞中，神经递质去甲肾上腺素能够增加SGLT2的表达，并促进SGLT2向细胞膜的移位。对肥胖小鼠动物模型的进一步研究表明，用达格列净抑制SGLT2导致肾内酪氨酸羟化酶（交感神经神经支配的标志）和去甲肾上腺素显著减少。SNS活性和SGLT2抑制剂之间的相互作用在神经源性高血压小鼠模型中得到进一步研究。在该模型中，SNS的化学去神经化处理降低了SGLT2的表达，肾组织中酪氨酸羟化酶染色的减少证明了这一点。重要的是，用达格列净治疗降低了酪氨酸羟化酶和去甲肾上腺素，表明SNS神经支配和活性降低，同时伴随糖尿以及血压和内皮功能的改善。这些数据说明交感神经抑制可能是SGLT2抑制剂对肾脏和心血管保护作用的机制。在另一项糖尿病动物模型中研究发现SGLT2抑制剂恩格列净将糖尿病引起的过度活跃的交感神经反应降低到与非糖尿病动物模型相似的水平，并抑制肾交感神经压力反射。此外用另一种近端利尿剂乙酰唑胺也观察到了类似现象，但胰岛素或培哚普利没有观察到。胰岛素和培哚普利治疗期间对SNS活性没有影响，提示特异性近端利钠作用与抑制SNS活性有关。但是这些仍需要进一步的临床研究来证实，并探究SNS活性的减弱是否是SGLT2抑制剂对肾脏有益的原因。

七、调节炎症

SGLT2抑制剂对炎症和纤维化的局部和全身影响可能有助于改善肾脏预后。SGLT2抑制剂能够减少糖尿病模型核因子-κB（NF-κB）、白细胞介素-6（IL-6）、单核细胞趋化蛋白-1（MCP1）和其他与DKD发病机制相关的炎症因子。同样在SGLT2抑制剂对2型糖尿病患者的临床试验观察到对炎症介质的类似影响，包括尿IL-6和MCP-1以及血清肿瘤坏死因子受体1和IL-6的减少。上述效应是直接作用还是继发于尿糖增加和血糖水平降低尚不清楚。在这方面，有趣的是，一项临床研究将卡格列净与格列美脲进行了比较，发现卡格列净能减少促炎介质，提示SGLT2抑制剂可能涉及直接的抗炎作用。

八、对促红细胞生成素的影响

如前所述，CKD患者残肾的近端小管因葡萄糖重吸收而超载。在这种情况下，由于过量的葡萄糖处理，近端小管和耗尽的近端管状上皮细胞需要大量的氧气。最近的一项研究表明，产生促红细胞生成素的细胞是神经嵴衍生的成纤维细胞，主要位于近端小管周围。因此，这种慢性肾脏病诱导的缺氧状态会加剧成纤维细胞损伤，导致肾性贫血。低氧诱导因子HIF-1α与促红细胞生成素启动子结合并增加其转录。研究发现用SGLT2抑制剂前体根皮苷治疗可降低啮齿类动物肾脏中的氧含量。这些结果表明SGLT2抑制剂可以减轻慢性肾疾病患者近端小管的代谢鱼担，改善红细胞生成素产生的细胞，增加HIF-1α。因此，SGLT2抑制剂诱导的血红蛋白水平升高可以改善肾功能。

SGLT2抑制剂作为一种新型药物，已确定有心血管疾病或心血管危险因素的2型糖尿病、心力衰竭和慢性肾病患者中进行的大型临床试验表明，SGLT2抑制剂具有心血管和肾脏保护作用。具体肾脏保护作用及作用机制还未完全明确，需要通过长期大量临床研究加以证实。

（熊明霞　骆　静）

参 考 文 献

Ali BH, Al Salam S, Al Suleimani Y, et al. Effects of the SGLT-2 inhibitor canagliflozin on adenine-induced chronic kidney disease in rats. Cell Physiol Biochem, 2019, 52（1）: 27-39.

Bays HE, Weinstein R, Law G, et al. Canagliflozin: effects in overweight and obese subjects without diabetes mellitus. Obesity（Silver Spring）, 2014, 22（4）: 1042-1049.

Cassis P, Locatelli M, Cerullo D, et al. SGLT2 inhibitor dapagliflozin limits podocyte damage in proteinuric nondiabetic nephropathy. JCI Insight, 2018, 3（15）: e98720.

Cherney DZI, Cooper ME, Tikkanen I, et al. Pooled analysis of Phase Ⅲ trials indicate contrasting influences of renal function on blood pressure, body weight, and HbA1c reductions with empagliflozin. Kidney Int, 2018, 93（1）: 231-244.

Cherney DZI, Dekkers CCJ, Barbour SJ, et al. Effects of the SGLT2 inhibitor dapagliflozin on proteinuria in non-diabetic patients with chronic kidney disease（DIAMOND）: a randomised, double-blind, crossover trial. Lancet Diabetes Endocrinol, 2020, 8（7）: 582-593.

Cooper ME, Inzucchi SE, Zinman B, et al. Glucose control and the effect of empagliflozin on kidney outcomes in type 2 diabetes: an analysis from the EMPA-REG OUTCOME Trial. Am J Kidney Dis, 2019, 74（5）: 713-715.

Cooper S, Teoh H, Campeau MA, et al. Empagliflozin restores the integrity of the endothelial glycocalyx in vitro. Mol Cell Biochem, 2019, 459（1-2）: 121-130.

DeFronzo RA, Hompesch M, Kasichayanula S, et al. Characterization of renal glucose reabsorption in response to dapagliflozin in healthy subjects and subjects with type 2 diabetes. Diabetes Care, 2013, 36（10）: 3169-3176.

Dekkers CCJ, Petrykiv S, Laverman GD, et al. Effects of the SGLT-2 inhibitor dapagliflozin on glomerular and tubular injury markers. Diabetes Obes Metab, 2018, 20（8）: 1988-1993.

Goldberg EL, Asher JL, Molony RD, et al. Beta-Hydroxybutyrate deactivates neutrophil NLRP3 inflammasome to relieve gout flares. Cell Rep, 2017, 18（9）: 2077-2087.

Gueguen C, Burke SL, Barzel B, et al. Empagliflozin modulates renal sympathetic and heart rate baroreflexes in a rabbit model of diabetes. Diabetologia, 2020, 63（7）: 1424-1434.

Hasan R, Lasker S, Hasan A, et al. Canagliflozin ameliorates renal oxidative stress and inflammation by stimulating AMPK-Akt-eNOS pathway in the isoprenaline-induced oxidative stress model. Sci Rep, 2020, 10（1）: 14659.

Heerspink HJ, Desai M, Jardine M, et al. Canagliflozin slows progression of renal function decline independently of glycemic effects. J Am Soc Nephrol, 2017, 28（1）: 368-375.

Heerspink HJ, Perkins BA, Fitchett DH, et al. Sodium glucose cotransporter 2 inhibitors in the treatment of diabetes mellitus: cardiovascular and kidney effects, potential mechanisms, and clinical applications. Circulation, 2016, 134（10）: 752-772.

Heerspink HJL, Perco P, Mulder S, et al. Canagliflozin reduces inflammation and fibrosis biomarkers: a potential mechanism of action for beneficial effects of SGLT2 inhibitors in diabetic kidney disease. Diabetologia, 2019, 62（7）: 1154-1166.

Heerspink HJL, Stefansson BV, Chertow GM, et al. Rationale and protocol of the Dapagliflozin And Prevention of Adverse outcomes in Chronic Kidney Disease（DAPA-CKD）randomized controlled trial. Nephrol Dial Transplant, 2020, 35（2）: 274-282.

Heerspink HJL，Stefansson BV，Correa-Rotter R，et al．Dapagliflozin in patients with chronic kidney disease．N Engl J Med，2020，383（15）：1436-1446．

Herat LY，Magno AL，Rudnicka C，et al．SGLT2 inhibitor-induced sympathoinhibition：a novel mechanism for cardiorenal protection．JACC Basic Transl Sci，2020，5（2）：169-179．

Inzucchi SE，Zinman B，Fitchett D，et al．How does empagliflozin reduce cardiovascular mortality？insights from a mediation analysis of the EMPA-REG OUTCOME Trial．Diabetes Care，2018，41（2）：356-363．

Jaikumkao K，Pongchaidecha A，Chueakula N，et al．Dapagliflozin，a sodium-glucose co-transporter-2 inhibitor，slows the progression of renal complications through the suppression of renal inflammation，endoplasmic reticulum stress and apoptosis in prediabetic rats．Diabetes Obes Metab，2018，20（11）：2617-2626．

Jhund PS，Solomon SD，Docherty KF，et al．Efficacy of dapagliflozin on renal function and outcomes in patients with heart failure with reduced ejection fraction：results of DAPA-HF．Circulation，2021，143（4）：298-309．

Kidokoro K，Cherney DZI，Bozovic A，et al．Evaluation of glomerular hemodynamic function by empagliflozin in diabetic mice using in vivo imaging．Circulation，2019，140（4）：303-315．

Kogot-Levin A，Hinden L，Riahi Y，et al．Proximal tubule mTORC1 is a central player in the pathophysiology of diabetic nephropathy and its correction by SGLT2 inhibitors．Cell Rep，2020，32（4）：107954．

Layton AT，Vallon V．SGLT2 inhibition in a kidney with reduced nephron number：modeling and analysis of solute transport and metabolism．Am J Physiol Renal Physiol，2018，314（5）：F969-F984．

Li J，Neal B，Perkovic V，et al．Mediators of the effects of canagliflozin on kidney protection in patients with type 2 diabetes．Kidney Int，2020，98（3）：769-777．

Ma Q，Steiger S，Anders HJ．Sodium glucose transporter-2 inhibition has no renoprotective effects on non-diabetic chronic kidney disease．Physiol Rep，2017，5（7）：e13228．

Mancini SJ，Boyd D，Katwan OJ，et al．Canagliflozin inhibits interleukin-1beta-stimulated cytokine and chemokine secretion in vascular endothelial cells by AMP-activated protein kinase-dependent and-independent mechanisms．Sci Rep，2018，8（1）：5276．

Matthews VB，Elliot RH，Rudnicka C，et al．Role of the sympathetic nervous system in regulation of the sodium glucose cotransporter 2．J Hypertens，2017，35（10）：2059-2068．

McMurray JJV，Solomon SD，Inzucchi SE，et al．Dapagliflozin in patients with heart failure and reduced ejection fraction．N Engl J Med，2019，381（21）：1995-2008．

Mosenzon O，Wiviott SD，Cahn A，et al．Effects of dapagliflozin on development and progression of kidney disease in patients with type 2 diabetes：an analysis from the DECLARE-TIMI 58 randomised trial．Lancet Diabetes Endocrinol，2019，7（8）：606-617．

Mulder S，Heerspink HJL，Darshi M，Kim JJ，et al．Effects of dapagliflozin on urinary metabolites in people with type 2 diabetes．Diabetes Obes Metab，2019，21（11）：2422-2428．

Neal B，Perkovic V，Mahaffey KW，et al．Canagliflozin and cardiovascular and renal events in type 2 diabetes．N Engl J Med，2017，377（7）：644-657．

Neuen BL，Young T，Heerspink HJL，et al．SGLT2 inhibitors for the prevention of kidney failure in patients with type 2 diabetes：a systematic review and meta-analysis．Lancet Diabetes Endocrinol，2019，7（11）：845-854．

O'Neill J，Fasching A，Pihl L，et al．Acute SGLT inhibition normalizes O2 tension in the renal cortex but causes hypoxia in the renal medulla in anaesthetized control and diabetic rats. Am J Physiol Renal Physiol, 2015, 309（3）: F227-234.

Onishi A, Fu Y, Darshi M, et al. Effect of renal tubule-specific knockdown of the Na（＋）/H（＋）exchanger NHE3 in Akita diabetic mice. Am J Physiol Renal Physiol, 2019, 317（2）: F419-F434.

Onishi A, Fu Y, Patel R, et al. A role for tubular Na（＋）/H（＋）exchanger NHE3 in the natriuretic effect of the SGLT2 inhibitor empagliflozin. Am J Physiol Renal Physiol, 2020, 319（4）: F712-F728.

Oshima M, Neuen BL, Jardine MJ, et al. Effects of canagliflozin on anaemia in patients with type 2 diabetes and chronic kidney disease: a post-hoc analysis from the CREDENCE trial. Lancet Diabetes Endocrinol, 2020, 8（11）: 903-914.

Packer M, Anker SD, Butler J, et al. Cardiovascular and renal outcomes with empagliflozin in heart failure. N Engl J Med, 2020, 383（15）: 1413-1424.

Packer M. Role of ketogenic starvation sensors in mediating the renal protective effects of SGLT2 inhibitors in type 2 diabetes. J Diabetes Complications, 2020, 34（9）: 107647.

Perkovic V, Jardine MJ, Neal B, et al. Canagliflozin and renal outcomes in type 2 diabetes and nephropathy. N Engl J Med, 2019, 380（24）: 2295-2306.

Rajasekeran H, Reich HN, Hladunewich MA, et al. Dapagliflozin in focal segmental glomerulosclerosis: a combined human-rodent pilot study. Am J Physiol Renal Physiol, 2018, 314（3）: F412-F422.

Scholtes RA, Muskiet MHA, van Baar MJB, et al. Natriuretic effect of two weeks of dapagliflozin treatment in patients with type 2 diabetes and preserved kidney function during standardized sodium intake: results of the DAPASALT Trial. Diabetes Care, 2021, 44（2）: 440-447.

Stack AG, Han D, Goldwater R, et al. Dapagliflozin added to verinurad plus febuxostat further reduces serum uric acid in hyperuricemia: the QUARTZ Study. J Clin Endocrinol Metab, 2021, 106（5）: e2347-e2356.

Tomita I, Kume S, Sugahara S, et al. SGLT2 inhibition mediates protection from diabetic kidney disease by promoting ketone body-induced mTORC1 inhibition. Cell Metab, 2020, 32（3）: 404-419 e6.

van Bommel EJM, Lytvyn Y, Perkins BA, et al. Renal hemodynamic effects of sodium-glucose cotransporter 2 inhibitors in hyperfiltering people with type 1 diabetes and people with type 2 diabetes and normal kidney function. Kidney Int, 2020, 97（4）: 631-635.

Wanner C, Heerspink HJL, Zinman B, et al. Empagliflozin and kidney function decline in patients with type 2 diabetes: a slope analysis from the EMPA-REG OUTCOME Trial. J Am Soc Nephrol, 2018, 29（11）: 2755-2769.

Wanner C, Inzucchi SE, Lachin JM, et al. Empagliflozin and progression of kidney disease in type 2 diabetes. N Engl J Med, 2016, 375（4）: 323-334.

Wei W, An XR, Jin SJ, et al. Inhibition of insulin resistance by PGE1 via autophagy-dependent FGF21 pathway in diabetic nephropathy. Sci Rep, 2018, 8（1）: 9.

Wiviott SD, Raz I, Bonaca MP, et al. Dapagliflozin and cardiovascular outcomes in type 2 diabetes. N Engl J Med, 2019, 380（4）: 347-357.

Wright EM, Hirayama BA, Loo DF. Active sugar transport in health and disease. J Intern Med, 2007, 261（1）: 32-43.

Ye N, Jardine MJ, Oshima M, et al. Blood pressure effects of canagliflozin and clinical outcomes in type 2 diabetes and chronic kidney disease: insights from the CREDENCE Trial. Circulation, 2021; 143（18）: 1735-1749.

Zannad F, Ferreira JP, Pocock SJ, et al. Cardiac and kidney benefits of empagliflozin in heart failure across the spectrum of kidney function: insights from EMPEROR-Reduced. Circulation, 2021, 143（4）: 310-321.

Zannad F, Ferreira JP, Pocock SJ, et al. SGLT2 inhibitors in patients with heart failure with reduced ejection fraction: a meta-analysis of the EMPEROR-Reduced and DAPA-HF trials. Lancet, 2020, 396（10254）: 819-829.

Zelniker TA, Wiviott SD, Raz I, et al. Comparison of the effects of glucagon-like peptide receptor agonists and sodium-glucose cotransporter 2 inhibitors for prevention of major adverse cardiovascular and renal outcomes in type 2 diabetes mellitus. Circulation, 2019, 139（17）: 2022-2031.

Zelniker TA, Wiviott SD, Raz I, et al. SGLT2 inhibitors for primary and secondary prevention of cardiovascular and renal outcomes in type 2 diabetes: a systematic review and meta-analysis of cardiovascular outcome trials. Lancet, 2019, 393（10166）: 31-39.

Zhang Y, Nakano D, Guan Y, et al. A sodium-glucose cotransporter 2 inhibitor attenuates renal capillary injury and fibrosis by a vascular endothelial growth factor-dependent pathway after renal injury in mice. Kidney Int, 2018, 94（3）: 524-535.

Zhang Y, Thai K, Kepecs DM, et al. Sodium-glucose linked cotransporter-2 inhibition does not attenuate disease progression in the rat remnant kidney model of chronic kidney disease. PLoS One, 2016, 11（1）: e0144640.

Zhao Y, Xu L, Tian D, et al. Effects of sodium-glucose co-transporter 2（SGLT2）inhibitors on serum uric acid level: A meta-analysis of randomized controlled trials. Diabetes Obes Metab, 2018, 20（2）: 458-462.

第八章

SGLT2抑制剂辅助治疗1型糖尿病

1型糖尿病（type 1 diabetes mellitus，T1DM）是源于内源性胰岛素绝对缺乏而引起的以慢性高血糖和进行性代谢紊乱为特征的自身免疫性疾病，其患病率以每年3%的速度增长。研究显示，T1DM患者慢性并发症的风险显著升高，而强化降糖治疗能够降低糖尿病微血管并发症的风险，因此严格控制血糖、降低并发症风险仍是T1DM患者治疗中所面临的首要挑战。胰岛素替代治疗仍然是目前T1DM的主要治疗方法，然而即使在发达国家，约75%的T1DM成人患者未能达到美国糖尿病协会（American Diabetes Association，ADA）推荐的血糖控制目标（HbA1c＜7.0%），导致了T1DM相关并发症的患病风险增加。此外，即使T1DM患者通过胰岛素替代治疗达到目标血糖值，仍预示着合并更高的死亡风险。

与胰岛素替代治疗不同的是，理想的非胰岛素辅助药物非但不会导致低血糖和体重增加，还可降低心血管事件、糖尿病肾病和其他不良后果的风险。然而，对T1DM患者最适宜的非胰岛素辅助药物至今仍未明确。

REMOVAL研究评估了二甲双胍联合胰岛素方案对成年T1DM患者长期预后的影响。尽管研究证明辅助使用二甲双胍能够减轻患者体重，但是并不能改善患者血糖及减少胰岛素剂量。此外，13项随机对照试验（randomized control trial，RCT）的Meta分析也表明，二甲双胍对T1DM患者辅助降糖作用并不稳定可靠。也陆续有研究调查了α-葡糖苷酶抑制剂、吡格列酮、胰高血糖素样肽（glucagon-like peptide-1，GLP-1）受体激动剂或二肽基肽酶-4（dipeptidyl peptidase-4，DPP-4）抑制剂在成人T1DM中的作用，但结果并不一致，导致不能支持这些药物在临床中投入使用并推广。例如，一些研究结果支持了DPP-4抑制剂西格列汀可以减少T1DM患者胰岛素使用剂量、改善患者代谢，且不会增加低血糖风险，而另一些研究中却没有观察到类似益处。

近年来，钠葡萄糖协同转运蛋白2（sodium glucose co-transport 2，SGLT2）抑制剂得到了更多关注。SGLT2抑制剂通过阻断近端肾小管的SGLT2转运蛋白、抑制葡萄糖及钠在近端小管的重吸收，导致尿糖和尿钠排泄增加，最终达到降糖的目的，目前已被广泛应用于2型糖尿病（T2DM）患者的治疗。众多研究显示其除了具有降糖、改善胰岛素抵抗、减轻体重、降压等作用以外，对T2DM患者还展现了更多的临床益处——尤其是减少心血管不良事件的风险及肾脏保护作用，而SGLT2抑制剂的作用机制使得T1DM患者同样有望获益于该项治疗。

目前，SGLT-2抑制剂——达格列净已被欧洲药品管理局批准用于已接受胰岛素治疗但血糖水平控制不佳并且体重指数（body mass index，BMI）≥27 kg/m²（肥胖或超重）成人T1DM患者，以改善其血糖。在日本，无论BMI是否异常，达格列净都被批准用于T1DM成人患者胰岛素的辅助治疗，但其在T1DM患者中所引起的不良反应仍值得探讨。

第一节　SGLT2 抑制剂对 T1DM 患者的治疗作用

众多研究显示 SGLT2 抑制剂能够改善 T1DM 患者的血糖、减少胰岛素剂量、减轻患者体重，以及轻度的降压甚至心、肾保护作用。

一、降糖作用及减少胰岛素用量

Henry 等将接受胰岛素治疗的 351 例 T1DM 患者（HbA1c 7.0% ～ 9.0%）随机分配至卡格列净 100mg/d 组、300 mg/d 组和安慰剂组，三组患者在第 18 周 HbA1c 水平较基线降低 ≥ 0.4% 且体重没有增加的比例分别为 36.9%、41.4%、14.5%（$P < 0.001$），证实了卡格列净能够明显降低 T1DM 患者的 HbA1c 水平。而后续的研究提示，达格列净不仅能够降低 24 小时平均血糖水平，同时能够减少血糖变异度。

两项为期 24 周的随机、双盲、多国、3 期临床研究，DEPICT-1 和 DEPICT-2 观察了达格列净在 T1DM 患者中的疗效和安全性，血糖控制不佳的 T1DM 患者（HbA1c 7.5% ～ 10.5%）在胰岛素治疗基础上被随机分为达格列净 5mg/d 组、10mg/d 组及安慰剂组。在 DEPICT-1 研究中，治疗第 24 周时，加用达格列净 5mg/d、10mg/d 可使患者 HbA1c 水平较基线水平下降更为明显，经安慰剂组校正的差异分别为 -0.42% 和 -0.45%；DEPICT-2 研究也得出类似的结论，不同剂量的达格列净均能够使 T1DM 患者的 HbA1c 水平显著下降。在延至 52 周的观察期中，SGLT2 抑制剂对 T1DM 患者的辅助降糖作用仍持续存在，DEPICT-1 研究中，经安慰剂组校正后，达格列净 5mg/d 组、10mg/d 组 HbA1c 水平较基线下降差异分别为 -0.33% 和 -0.36%；而在 DEPICT-2 研究中，这一数值分别为 -0.20% 和 -0.25%。同时，DEPICT-1 也证实达格列净能够以剂量依赖的方式降低 T1DM 患者的胰岛素治疗剂量，治疗 24 周时，与安慰剂组相比，达格列净 5mg/d 组及 10mg/d 组基础胰岛素剂量较基线组分别减少了 11.65% 和 15.48%；每日推注胰岛素分别减少了 9.7% 和 9.99%。

Zou H 等在对累计 1711 例患者的 5 项研究进行 Meta 分析后，结果显示 SGLT2 抑制剂能够显著改善 T1DM 患者的血糖水平。在不同药物类型的亚组分析中，与安慰剂组相比，SGLT2 抑制剂和 SGLT1/2 双重抑制剂均能够明显改善餐前血糖（WMD -1.320，$P < 0.001$）及 HbA1c 水平（WMD -0.386，$P < 0.001$），而年龄及 BMI 对此无明显影响；此外，Meta 分析同样也证实了 SGLT2 抑制剂能够显著减少每日胰岛素总剂量（WMD -5.403，$P < 0.024$）。另一项涉及 5961 例患者、10 项研究的 Meta 分析也证实了 SGLT2 抑制剂不仅能减低 HbA1c 水平及空腹血糖水平，同时降低平均血糖振幅及患者胰岛素需求剂量。

索格列净作为一种 SGLT-1/2 双抑制剂，与高度选择性的 SGLT2 抑制剂相比，经口服后可同时抑制小肠 SGLT1 并减少葡萄糖吸收，降低血糖（尤其是餐后血糖），其对 SGLT2 的亲和力比 SGLT1 高 20 倍。在 T2DM 患者中，抑制小肠中的 SGLT1 可诱导餐后 GLP1 增加，从而增强了葡萄糖依赖的胰岛素分泌，而 T1DM 患者因缺乏内源性胰岛素，这种作用变得无关紧要。

在来自两项3期、52周临床试验（inTandem1和inTandem2）的汇总分析（$n=$1575）中，将患者分为安慰剂组、索格列净200 mg/d和400 mg/d治疗组，将终点事件设定为HbA1c低于7%且无体重增加。结果显示两种剂量的索格列净在第52周时达到终点事件的比例分别为21.8%和26.1%，而安慰剂组仅为6.1%。而在inTandem3临床试验中，纳入的1402例患者在胰岛素基础上分别接受安慰剂与索格列净（400mg/d）。在为期24周观察期中，索格列净组有28.6%的患者达到主要终点事件，即HbA1c＜7%且未发生严重低血糖或糖尿病酮症酸中毒（diabetic ketoacidosis，DKA），而安慰剂组中仅15.2%患者达到主要终点事件；在索格列净组中，经安慰剂组校正的HbA1c较基线差异为-0.46%，且经安慰剂组校正后的平均每日总胰岛素剂量、推注剂量和基础胰岛素剂量与基线比降低量为-5.3U/d（-9.7%）、-2.8U/d（-12.3%）和-2.6U/d（-9.9%）。

目前关于SGLT2抑制剂在T1DM患者的长期治疗期间血糖疗效究竟能够持续多久尚无明确数据。Simeon I Taylor等进一步总结了多项SGLT2抑制剂在T1DM患者中应用的临床试验，SGLT2抑制剂能够降低患者HbA1c水平，其效果在治疗8～12周时最大，但HbA1c降低的幅度随着治疗时间的延长（长达52周）而减弱。导致HbA1c降低功效逐渐减少的潜在机制目前暂不明确，Ferrannini等通过观察恩格列净在90周内对T2DM患者能量代谢平衡的影响，提出了一种可能的机制：根据患者尿液中热量丢失幅度，预测90周内恩格列净会导致参与者体重平均下降11.3 kg，而患者实际体重平均下降仅为3.2kg，仅占预测值的29%；研究发现这种差异可能是因为患者的平均摄入量增加所致，并在24周前后达到一个新的稳态——食物摄入增加抵消了持续的尿卡路里损失。因此，药物诱导的热卡摄入增加可能部分解释了SGLT2抑制剂在治疗24周后对T1DM患者的降糖功效逐渐平缓。

二、减轻体重

在DEPICT-1和DEPICT-2研究中，与安慰剂相比，不同剂量的达格列净均能够显著减少患者在24周时体重；其减重效果在52周时得到进一步肯定。治疗至24周时，与基线相比，达格列净5mg组平均体重变化为-3.10%（-2.45kg），达格列净10mg组为-3.70%（-2.91kg），安慰剂则为0.02%（0.11kg）；当治疗达52周时，与基线相比，达格列净5 mg组平均体重变化为-3.22%（-2.57kg），达格列净10mg组为-4.23%（-3.34kg），而安慰剂组为0.45%（0.44kg）。有趣的是，Simeon I Taylor等的研究也显示，与HbA1c下降的趋势一致，大部分T1DM患者体重减轻发生在前24周内，在24～52周几乎没有任何额外的减重。

三、降压作用

同样是DEPICT-1和DEPICT-2结果汇总显示：基线时，累计230名患者患有高血压［坐位收缩压≥140 mmHg和（或）舒张压≥90 mmHg］，其中达格列净5mg、达格列净10mg、安慰剂组三组平均收缩压分别为145.52mmHg、145.81mmHg和144.11mmHg。在第24周，达格列净5mg组、10 mg组、安慰剂组的收缩压较基线变化差异分别为-13.30 mmHg、-12.47mmHg和-10.44 mmHg；而在第52周时，三组患者收缩压相对于基线变化差异分别为-12.39 mmHg、-12.91 mmHg和-8.67mmHg。

inTandem1和inTandem2的事后汇总分析显示，在治疗24周，与安慰剂组相比，索格列净200 mg、400 mg组分别使收缩压降低2.03mmHg（$P = 0.001\ 9$）和2.85mmHg（$P < 0.000\ 1$）；舒张压分别降低了1.1mmHg和0.9mmHg，平均动脉压分别降低了1.4mmHg和1.6mmHg。而在inTandem3研究中，基线收缩压≥130mmHg的T1DM患者服用索格列净400mg/d后，收缩压明显下降，经安慰剂组校正的差异达到-3.5mmHg（$P = 0.002$）。

一项针对SGLT2中短期治疗的Meta分析亚组结果显示，患者体重在治疗1个月和3～4个月时存在显著差异（$P < 0.1$），治疗3～4个月后体重下降趋于稳定，随后直至12个月均保持相对稳定。另一项关于索格列净对T1DM患者疗效和安全性评估中，与安慰剂组相比，索格列净的使用与收缩压降低（加权平均差-3.85mmHg，$P < 0.001$）和舒张压降低有关（-1.43mmHg，$P < 0.001$），并且与直立性低血压发生风险无明显相关。

SGLT2抑制剂的降压机制包括葡萄糖的渗透性利尿、尿钠排泄增加和体重减轻；Na^+/H^+-交换体3（Na^+/H^+ -Exchanger 3，NHE3）是近端小管转运蛋白，与SGLT2共表达，抑制SGLT2同时也可能抑制NHE3，这种相互作用也可能与SGLT2抑制剂的降压作用有关。

四、肾脏及心脏的保护作用

糖尿病早期肾小球高滤过状态被认为是中晚期发生蛋白尿和糖尿病肾病的危险因素。几乎所有滤过的NaCl都在肾小管系统中被重吸收，因此单个肾单位肾小球滤过率（glomerular filtration rate，GFR）增加导致肾小管的运输功和氧耗增加，而多达75%的T1DM患者都存在肾小球高滤过状态。动物和临床研究均已证明SGLT2抑制剂可减轻高糖所致的肾小球高滤过状态。在糖尿病小鼠模型中，通过药物或遗传抑制SGLT2，可独立于降糖作用在全肾水平上抑制了超滤。Cherney及其同事评估了恩格列净对T1DM患者肾脏血流动力学的影响，结果显示在40名最终完成这项研究的患者中，恩格列净导致肾脏高滤过的患者GFR下降33 ml/（min·1.73 m²），而对不存在高滤过的患者则无明显影响。三项3期随机对照试验（2977名参与者，持续时间24～52周）结果表明，索格列净与尿微量白蛋白肌酐比值（albumin to creatinine ratio，ACR）减少相关（加权平均差-14.57 mg/g，$P = 0.02$）；此外，该研究结果同时提示索格列净能够导致T1DM患者早期（12周或更短）eGFR轻微降低［加权平均差-0.80 ml/（min·1.73 m²），$P = 0.01$］。

这些结果与SGLT2抑制剂能够通过抑制SGLT2介导的肾小管过度重吸收的假设一致。即在生理条件下，肾脏通过球管负反馈调节肾小球入球小动脉张力，从而维持稳定的GFR。当GFR增加（高滤过）时，排泄至远端肾小管钠浓度增加，并被球旁的致密斑所感知，此时通过球管负反馈而下调GFR；而慢性高血糖时，尽管GFR明显增加，因为近端SGLT2介导的钠和葡萄糖重吸收增加，到达远端的钠排泄并未明显增加，削弱了这一反馈机制，球管负反馈信号的损伤可能导致入球小动脉收缩张力不足和肾脏灌注增加。SGLT2抑制剂可阻断近端小管对葡萄糖和钠的重吸收，增加钠向致密黄斑的输送，通过调节入球小动脉张力，恢复管球反馈，减少小球高滤过、高灌注，进而缓解肾小球肥大和蛋白尿，甚至达到降低体循环收缩压的作用。因此，SGLT2抑制剂可以在 T1DM 和 T2DM 患者中诱导快速、功能性和可逆的 GFR 降低,即使在慢性肾脏病(chronic kidney disease,CKD)患者中,也存在类似的功效并改善肾脏预后。在这些患者中,残余肾单位正在经历超滤,通过改善这些肾单位的高滤过状态,SGLT2 抑制剂有望减少肾小管运输功及氧耗并保护其完整性,最终达到保护肾脏作用。然而,目前尚无研究确定因抑制 SGLT2 而导致的 T1DM 患者前 1 ~ 2 周出现 eGFR 急剧降低,并且因随访时间太短而无法确定长期 GFR 结局。

SGLT2 抑制剂除了通过降糖的作用使 T1DM 和 T2DM 患者的心血管获益外,其额外的降压、控制体重等机制也参与其中。肥胖是影响 T1DM 患者心血管疾病(cardiovascular disease,CVD)患病风险的重要因素,因此在严格控制血糖的情况下,SGLT2 抑制剂通过减轻患者体重而进一步产生心血管保护作用。此外,抑制近端小管近段的 SGLT2 将导致更多的葡萄糖转运到近端小管远段被 SGLT1 重吸收,这可能会导致外髓的氧张力下降,促使促红细胞生成素释放和红细胞生成,与利尿作用一起增加血细胞比容,最终促进向肾脏和心脏氧输送。Cherney 的研究也证实,在接受恩格列净治疗的 T1DM 患者中血细胞比容出现小幅度增加,且有统计学意义。SGLT2 抑制剂治疗会导致酮体产生增加,虽然会导致 DKA 风险增加,然而轻度酮症可能以酮体形式为心脏和肾脏提供额外的能量底物,这也可能是器官保护一种途径。

第二节　SGLT-2 抑制剂在 1 型糖尿病患者治疗中存在的潜在风险

SGLT2 抑制剂组的不良事件包括 DKA、泌尿系统感染、生殖器感染、容量消耗和腹泻等。

一、糖尿病酮症酸中毒

DKA 是糖尿病的严重急性并发症之一,甚至会危及生命。它常由体内胰岛素严重不足而诱发,通常发生在血糖控制不佳或是受到外部应激状态(如感染、受伤或手术)的糖尿病患者中。尽管 DKA 通常与严重高血糖和由此导致的脱水有关,但在血糖轻度升高甚至正常的情况下也偶有发生,这种血糖正常的 DKA 主要发生在 T1DM 患者中。DKA(包括正常血糖性 DKA)在所有 T1DM 患者的 SGLT2 抑制剂临床试验中的发病率显著增加。

Peters 等报道了在接受卡格列净治疗的 7 例患者中,出现了的 11 次血糖正常或轻度升高的 DKA,其中有 3 例患者为再次服用该药时重复发生酮症。在 Henry 等的研究中,与安慰剂组(0%)相比,卡格列净 100mg/d 组和 300 mg/d 组患者 DKA 风险明显升高,分别为 4.3% 和 6.0%。而 DEPICT-2 研究中,与安慰剂组相比,达格列净 5mg/d 组和 10mg/d 组中 DKA 的发生率更高,分别为 1 名(0.4%)、11(4.1%)和 10(3.7%)。通过对 DEPICT-1 和 DEPICT-2 结果进行汇总,使用 SGLT2 抑制剂 T1DM 患者的 DKA 患病风险与 BMI 相关,在 BMI ≥ 27 kg/m² 的亚组中,达格列净 5 mg 组患者有 1.7%(5/286)发生 DKA,安慰剂组为 1%(3/289);而在 BMI < 27 kg/m² 的亚组中,两组分别有 6.5%(17/262)和 1.2%(3/243)发生 DKA。日本的一项基于真实世界的回顾观察性队列研究显示,登记的 11 475 例 T1DM 患者中,1898 例患者(16.5%)使用 SGLT2 抑制剂,而其

中有139例（7.3%）发生DKA，与未接受SGLT2抑制剂的患者相比，SGLT2抑制剂治疗组DKA风险显著升高（HR＝1.66），首次DKA发作平均时间为30.6天，SGLT2抑制剂相关DKA的风险与性别、年龄或体重指数无明显相关性。Hailan Zou等对包括了7887例患者12项RCT研究进行的Meta分析的结果显示，与安慰剂相比，SGLT抑制剂导致T1DM患者DKA风险增加（RR＝5.042，$P<0.001$）。

目前尚不完全了解SGLT2抑制剂导致血酮升高并诱导DKA的机制，可能原因如下：①SGLT2抑制剂通过增加尿糖排泄来降低血糖水平，从而减少胰腺B细胞分泌胰岛素，而循环中胰岛素水平的下降则可导致其抗脂肪分解活性降低，进而刺激游离脂肪酸的产生，最终游离脂肪酸通过肝脏的β-氧化转化为酮体。②胰岛素刺激乙酰辅酶A羧化酶的活性，产生丙二酰辅酶A，这是肉碱棕榈酰转移酶-1（carnitine palmitoyl transferase-1，CPT-1）的有效抑制剂。鉴于CPT-1可促进脂肪酸向线粒体的转运，促进β-氧化的速率，循环中胰岛素水平的降低最终通过激活CPT-1促进酮体的产生。③为了维持能量底物的持续可用，SGLT2抑制剂通过糖异生增加内源性血糖产生，这其中部分通过增加胰高血糖素水平，将底物从糖类转移到脂质和酮体，以确保重要器官（如大脑）的能量底物，防止低血糖以及维持身体能量供应。鉴于胰高血糖素能够抑制乙酰辅酶A羧化酶，并增加肝脏中的CPT-1活性，胰高血糖素的上调也可能增强了脂解作用，并从脂肪组织中释放出更多的游离脂肪酸，然后被肝脏用于生酮。④当低血糖时，酮体被释放到体循环中以提供替代能量底物，在血酮升高后，SGLT2抑制剂可以通过降低GFR来减少酮体经肾小球滤过，并介导了肾小管钠重吸收增加可能干扰酮体的肾清除，从而促进酮体的肾潴留，因此，在不存在高血糖的情况下，抑制SGLT2可能会导致酮血症和DKA风险增加。

二、低血糖

在不同研究中，关于严重低血糖的发生率的结果参差不齐，总体来说，SGLT2抑制剂虽能够导致HbA1c显著下降，并未增加严重低血糖的风险。在DEPICT-1和DEPICT-2研究中，达格列净5mg/d组的低血糖患病率与安慰剂相似，52周内达格列净5mg/d组有83.6%发生低血糖，而安慰剂组为84.4%。在DEPICT-1扩展研究中，达格列净5 mg/d组和安慰剂组各有一例患者因低血糖相关的严重不良事件而停止治疗。

值得注意的是，尽管索格列净是SGLT1/2双重抑制剂，但同样没有报告证实该药物能增加低血糖风险。这可能是索格列净对肾脏中SGLT1的抑制作用较小，而代谢反调节机制（如肝糖异生）的激活有助于抵消低血糖。Hailan Zou等的Meta分析结果也证实了在T1DM患者的胰岛素治疗基础上加入SGLT抑制剂并不会增加低血糖风险（RR＝0.980，$P=0.799$）；亚组分析中，两种抑制剂都与低血糖发生率的增加无关（SGLT2抑制剂：RR＝1.150，$P=0.325$；SGLT1/2双重抑制剂：RR＝0.880，$P=0.654$），RR与年龄和BMI变化无明显相关性。

对曾有过低血糖意识受损（impaired awareness of hypoglycaemia，IAH）的T1DM患者短期使用达格列净，同样能够改善患者的血糖控制及血糖变异度，但不影响低血糖的频率，且显著减少了维持血糖所需的外源性葡萄糖[（3.2±0.3）mg/（kg·min）vs.（4.1±0.4）mg/（kg·min），$P=0.022$]。

三、其他风险

SGLT2 抑制剂可促进大量葡萄糖通过尿液排泄，增加泌尿生殖道葡萄糖浓度，从而增加患者细菌和真菌感染的风险。已有证据显示，与安慰剂相比，SGLT 抑制剂与尿路感染风险（RR = 1.259，P = 0.022）及生殖器感染风险密切相关（RR = 2.995，P < 0.001），同时增加了 T1DM 患者的腹泻风险（RR = 1.486，P = 0.020）。在 inTandem3 研究中，索格列净与腹泻发生率增加（索格列净组 4.1% vs. 安慰剂组 2.3%）和容量减少（索格列净组 1.9% vs. 安慰剂组 0.3%）相关。

第三节　SGLT-2 抑制剂在 1 型糖尿病患者中的适用范围

选择合适的患者进行 SGLT 抑制剂治疗对于降低用药风险尤其是 DKA 风险至关重要。选择患者的首要标准是酮体水平正常（血酮体 < 0.6 mmol/L、尿酮阴性）。不建议将达格列净用于 BMI < 27 kg/m^2 或胰岛素需求量低 [< 0.5 U/（kg·d）] 的 T1DM 患者，依据为这些亚组中达格列净相关的 DKA 风险增加；依从性较差（如精神障碍、厌食症、不能配合规律血糖和酮体监测及遵医嘱行胰岛素治疗等）、在过去 12 个月内有 DKA 病史、反复发作严重生殖器真菌感染的 T1DM 患者，不应给予达格列净处方治疗；考虑到某些生活方式会导致 DKA 风险增加，如严格遵循低糖类摄入、生酮饮食、过量饮酒和（或）使用非法药物（可卡因）的人群，不宜接受达格列净治疗；SGLT2 抑制剂至今未获准在妊娠期使用，妊娠期 DKA 与母婴死亡率升高密切相关，因此不应用于妊娠或计划妊娠的 T1DM 女性；由于关于 < 18 岁或 ≥ 75 岁患者使用 SGLT2 抑制剂的数据有限，因此也不推荐在这些年龄组中使用达格列净。

SGLT2 抑制剂是 T1DM 患者胰岛素之外的有效辅助降糖药物，能够起到不增加低血糖风险而改善患者血糖水平，减少胰岛素用量，减少肾小球高滤过，降低血压和容量超负荷以及减轻体重等作用。既往研究已证实，SGLT2 抑制剂可改善 T2DM 患者因心血管原因导致的死亡、因心力衰竭住院和全因死亡风险，但是在 T1DM 患者中其对心肾远期影响仍需要临床研究进一步证实。然而，接受 SGLT2 抑制剂治疗，也会增加 T1DM 患者 DKA 患病风险，同时也需要进一步的长期试验和研究来更好地了解如何预防患者 DKA 发作。

综上所述，未来 SGLT2 抑制剂能否在 T1DM 患者得到批准及推广，关键因素在于利弊评估，即 HbA1c 的改善以及对心、肾的潜在保护作用是否超过了 DKA 的风险。

（徐玲玲）

参 考 文 献

Cefalo CMA, Cinti F, Moffa S, et al. Sotagliflozin, the first dual SGLT inhibitor: current outlook and perspectives. Cardiovascular diabetology, 2019, 18（1）: 20.

Cherney DZ, Perkins BA, Soleymanlou N, et al. Renal hemodynamic effect of sodium-glucose cotransporter 2 inhibition in patients with type 1 diabetes mellitus. Circulation, 2014, 129（5）: 587-597.

Dandona P，Mathieu C，Phillip M，et al. Efficacy and safety of dapagliflozin in patients with inadequate-ly controlled type 1 diabetes（DEPICT-1）：24 week results from a multicentre，double-blind，phase 3，randomised controlled trial. The lancet Diabetes & endocrinology，2017，5（11）：864-876.

Dandona P，Mathieu C，Phillip M，et al. Efficacy and safety of dapagliflozin in patients with inadequately controlled type 1 diabetes：the DEPICT-1 52-week study. Diabetes care，2018，41（12）：2552-2559.

Danne T，Garg S，Peters AL，et al. International consensus on risk management of diabetic ketoacidosis in patients with type 1 diabetes treated with sodium-glucose cotransporter（SGLT）inhibitors. Diabetes care，2019，42（6）：1147-1154.

DeGeeter M，Williamson B. Alternative agents in type 1 diabetes in addition to insulin therapy：metform-in，alpha-glucosidase inhibitors，pioglitazone，GLP-1 agonists，DPP-IV inhibitors，and SGLT-2 Inhibi-tors. Journal of pharmacy practice，2016，29（2）：144-159.

Diabetes C，Complications Trial Research G，Nathan DM，et al. The effect of intensive treatment of dia-betes on the development and progression of long-term complications in insulin-dependent diabetes melli-tus. The New England journal of medicine，1993，329（14）：977-986.

Ehrmann D，Kulzer B，Roos T，et al. Risk factors and prevention strategies for diabetic ketoacidosis in people with established type 1 diabetes. The lancet Diabetes & endocrinology，2020，8（5）：436-446.

Ellis SL，Moser EG，Snell-Bergeon JK，et al. Effect of sitagliptin on glucose control in adult patients with Type 1 diabetes：a pilot，double-blind，randomized，crossover trial. Diabetic medicine：a journal of the British Diabetic Association，2011，28（10）：1176-1181.

EMC. Forxiga 5 mg film-coated tablets：European summary of product characteristics. https：//www.medicines. org. uk/emc/product/2865/smpc. Accessed August 28，2019.

Ferrannini E，Mark M，Mayoux E. CV protection in the EMPA-REG OUTCOME Trial：a "thrifty sub-strate" hypothesis. Diabetes care，2016，39（7）：1108-1114.

Ferrannini G，Hach T，Crowe S，et al. Energy balance after sodium-glucose cotransporter 2 inhibition. diabetes care，2015，38（9）：1730-1735.

Foster NC，Beck RW，Miller KM，et al. State of Type 1 diabetes management and outcomes from the T1D exchange in 2016-2018. Diabetes technology & therapeutics，2019，21（2）：66-72.

Garg SK，Henry RR，Banks P，et al. Effects of sotagliflozin added to insulin in patients with type 1 dia-betes. The New England journal of medicine，2017，377（24）：2337-2348.

Griffin KJ，Thompson PA，Gottschalk M，et al. Combination therapy with sitagliptin and lansoprazole in patients with recent-onset type 1 diabetes（REPAIR-T1D）：12-month results of a multicentre，ran-domised，placebo-controlled，phase 2 trial. The lancet Diabetes & endocrinology，2014，2（9）：710-718.

Guo H，Fang C，Huang Y，et al. The efficacy and safety of DPP4 inhibitors in patients with type 1 diabetes：A systematic review and meta-analysis. Diabetes research and clinical practice，2016，121：184-191.

Hari Kumar KV，Shaikh A，Prusty P. Addition of exenatide or sitagliptin to insulin in new onset type 1 diabetes：a randomized，open label study. Diabetes research and clinical practice，2013，100（2）：e55-58.

Henry RR，Rosenstock J，Edelman S，et al. Exploring the potential of the SGLT2 inhibitor dapagliflozin in type 1 diabetes：a randomized，double-blind，placebo-controlled pilot study. Diabetes care，2015，38（3）：412-419.

Henry RR，Thakkar P，Tong C，et al. Efficacy and safety of canagliflozin，a sodium-glucose cotrans-porter 2 inhibitor，as add-on to insulin in patients with type 1 diabetes. Diabetes care，2015，38（12）：

2258-2265.

Horii T, Oikawa Y, Atsuda K, Shimada A. On-label use of sodium-glucose cotransporter 2 inhibitors might increase the risk of diabetic ketoacidosis in patients with type 1 diabetes. Journal of diabetes investigation, 2021.

Huang Y, Jiang Z, Wei Y. Short-and medium-term efficacy of sodium glucose cotransporter 2 (SGLT-2) inhibitors for the treatment of type 1 diabetes: systematic review and meta-analysis. Endokrynologia Polska, 2020, 71 (4): 325-333.

Japanese Ministry of Health Labour and Welfare. Forxiga 5 and 10 mg product label. 2019. https://www.info.pmda.go.jp/go/pack/3969019F1027_2_10/?view = frame&style = XML&lang = ja.Accessed December 20, 2019.

Kibbey RG. SGLT-2 inhibition and glucagon: Cause for alarm? Trends in endocrinology and metabolism: TEM, 2015, 26 (7): 337-338.

Layton AT, Vallon V. SGLT2 inhibition in a kidney with reduced nephron number: modeling and analysis of solute transport and metabolism. American journal of physiology Renal physiology, 2018, 314 (5): F969-F984.

Lind M, Svensson AM, Kosiborod M, et al. Glycemic control and excess mortality in type 1 diabetes. The New England journal of medicine, 2014, 371 (21): 1972-1982.

Lu J, Tang L, Meng H, Zhao J, et al. Effects of sodium-glucose cotransporter (SGLT) inhibitors in addition to insulin therapy on glucose control and safety outcomes in adults with type 1 diabetes: A meta-analysis of randomized controlled trials. Diabetes/metabolism research and reviews, 2019, 35 (7): e3169.

Mathieu C, Dandona P, Gillard P, et al. Efficacy and safety of dapagliflozin in patients with inadequately controlled type 1 diabetes (the DEPICT-2 study): 24-week results from a randomized controlled trial. Diabetes care, 2018, 41 (9): 1938-1946.

Mathieu C, Rudofsky G, Phillip M, et al. Long-term efficacy and safety of dapagliflozin in patients with inadequately controlled type 1 diabetes (the DEPICT-2 study): 52-week results from a randomized controlled trial. Diabetes, obesity & metabolism, 2020, 22 (9): 1516-1526.

Mathieu C, Zinman B, Hemmingsson JU, et al. Efficacy and safety of liraglutide added to insulin treatment in type 1 diabetes: the ADJUNCT ONE Treat-to-target randomized trial. Diabetes care, 2016, 39 (10): 1702-1710.

McKnight JA, Wild SH, Lamb MJ, et al. Glycaemic control of Type 1 diabetes in clinical practice early in the 21st century: an international comparison. Diabetic medicine: a journal of the British Diabetic Association, 2015, 32 (8): 1036-1050.

Meng H, Zhang A, Liang Y, et al. Effect of metformin on glycaemic control in patients with type 1 diabetes: A meta-analysis of randomized controlled trials. Diabetes/metabolism research and reviews, 2018, 34 (4): e2983.

Miller KM, Foster NC, Beck RW, et al. Current state of type 1 diabetes treatment in the U.S.: updated data from the T1D Exchange clinic registry. Diabetes care, 2015, 38 (6): 971-978.

Morrison FJR, Movassaghian M, Seely EW, et al. Fetal outcomes after diabetic ketoacidosis during pregnancy. Diabetes care, 2017, 40 (7): e77-e79.

Musso G, Gambino R, Cassader M, et al. Efficacy and safety of dual SGLT 1/2 inhibitor sotagliflozin in type 1 diabetes: meta-analysis of randomised controlled trials. Bmj, 2019, 365: l1328.

Neal B, Perkovic V, Mahaffey KW, et al. Canagliflozin and cardiovascular and renal events in type 2 diabetes. The New England journal of medicine, 2017, 377（7）: 644-657.

Ogawa W, Sakaguchi K. Euglycemic diabetic ketoacidosis induced by SGLT2 inhibitors: possible mechanism and contributing factors. Journal of diabetes investigation, 2016, 7（2）: 135-138.

Pessoa TD, Campos LC, Carraro-Lacroix L, et al. Functional role of glucose metabolism, osmotic stress, and sodium-glucose cotransporter isoform-mediated transport on Na＋/H＋ exchanger isoform 3 activity in the renal proximal tubule. Journal of the American Society of Nephrology: JASN, 2014, 25（9）: 2028-2039.

Peters AL, Buschur EO, Buse JB, et al. Euglycemic diabetic ketoacidosis: a potential complication of treatment with sodium-glucose cotransporter 2 inhibition. Diabetes care, 2015, 38（9）: 1687-1693.

Petrie JR, Chaturvedi N, Ford I, et al. Cardiovascular and metabolic effects of metformin in patients with type 1 diabetes（REMOVAL）: a double-blind, randomised, placebo-controlled trial. The lancet Diabetes & endocrinology, 2017, 5（8）: 597-609.

Phillip M, Mathieu C, Lind M, et al. Long-term efficacy and safety of dapagliflozin in patients with inadequately controlled type 1 diabetes: pooled 52-week outcomes from the DEPICT-1 and-2 studies. Diabetes, obesity & metabolism, 2021, 23（2）: 549-560.

Qiu H, Novikov A, Vallon V. Ketosis and diabetic ketoacidosis in response to SGLT2 inhibitors: Basic mechanisms and therapeutic perspectives. Diabetes/metabolism research and reviews, 2017, 33（5）: e2886.

Rodbard HW, Giaccari A, Cariou B, et al. Effect of sotagliflozin as an adjunct to insulin therapy on blood pressure and arterial stiffness in adults with type 1 diabetes: A post hoc pooled analysis of inTandem1 and inTandem2. Diabetes & vascular disease research, 2021, 18（1）: 1479164121995928.

Rodbard HW, Giaccari A, Lajara R, et al. Sotagliflozin added to optimized insulin therapy leads to HbA1c reduction without weight gain in adults with type 1 diabetes: A pooled analysis of inTandem1 and inTandem2. Diabetes, obesity & metabolism, 2020, 22（11）: 2089-2096.

Scheen AJ, Delanaye P. Effects of reducing blood pressure on renal outcomes in patients with type 2 diabetes: Focus on SGLT2 inhibitors and EMPA-REG OUTCOME. Diabetes &metabolism, 2017, 43（2）: 99-109.

Scheen AJ. Effects of reducing blood pressure on cardiovascular outcomes and mortality in patients with type 2 diabetes: Focus on SGLT2 inhibitors and EMPA-REG OUTCOME. Diabetes research and clinical practice, 2016, 121: 204-214.

Schopman JE, Hoekstra JBL, Frier BM, et al. Effects of sitagliptin on counter-regulatory and incretin hormones during acute hypoglycaemia in patients with type 1 diabetes: a randomized double-blind placebo-controlled crossover study. Diabetes, obesity & metabolism, 2015, 17（6）: 546-553.

Taylor SI, Blau JE, Rother KI, et al. SGLT2 inhibitors as adjunctive therapy for type 1 diabetes: balancing benefits and risks. The lancet Diabetes & endocrinology, 2019, 7（12）: 949-958.

Thomson SC, Rieg T, Miracle C, et al. Acute and chronic effects of SGLT2 blockade on glomerular and tubular function in the early diabetic rat. American journal of physiology Regulatory, integrative and comparative physiology, 2012, 302（1）: R75-83.

Vallon V, Rose M, Gerasimova M, et al. Knockout of Na-glucose transporter SGLT2 attenuates hyperglycemia and glomerular hyperfiltration but not kidney growth or injury in diabetes mellitus. American journal of physiology Renal physiology, 2013, 304（2）: F156-167.

Vallon V, Thomson SC. Targeting renal glucose reabsorption to treat hyperglycaemia: the pleiotropic effects of SGLT2 inhibition. Diabetologia, 2017, 60（2）: 215-225.

van Meijel LA, Tack CJ, de Galan BE. Effect of short-term use of dapagliflozin on impaired awareness of hypoglycaemia in people with type 1 diabetes. Diabetes, obesity & metabolism, 2021, 23 (11): 2582-2589.

Wanner C, Inzucchi SE, Lachin JM, et al. Empagliflozin and progression of kidney disease in type 2 diabetes. The New England journal of medicine, 2016, 375 (4): 323-334.

Zhao Y, Yang L, Xiang Y, et al. Dipeptidyl peptidase 4 inhibitor sitagliptin maintains beta-cell function in patients with recent-onset latent autoimmune diabetes in adults: one year prospective study. The Journal of clinical endocrinology and metabolism, 2014, 99 (5): E876-880.

Zhong T, Tang R, Gong S, et al. The remission phase in type 1 diabetes: Changing epidemiology, definitions, and emerging immuno-metabolic mechanisms. Diabetes/metabolism research and reviews, 2020, 36 (2): e3207.

Zinman B, Wanner C, Lachin JM, et al. Empagliflozin, cardiovascular outcomes, and mortality in type 2 diabetes. The New England journal of medicine, 2015, 373 (22): 2117-2128.

Zou H, Liu L, Guo J, Wang H, et al. Sodium-glucose cotransporter inhibitors as add-on therapy in addition to insulin for type 1 diabetes mellitus: A meta-analysis of randomized controlled trials. Journal of diabetes investigation, 2021, 12 (4): 546-556.

第九章

SGLT2 抑制剂的临床试验概览

糖尿病是由遗传因素及环境因素等导致的慢性病，在我国成年人中的发病率高达11.2%。糖尿病易出现多种心脑血管并发症，目前临床上暂无根治糖尿病的有效方法，控制血糖水平仍为治疗 2 型糖尿病（T2DM）、预防并发症的主要治疗方案。2020 年第80 届美国糖尿病学会科学年会分享了糖尿病领域最新研究进展及糖尿病诊断和治疗的临床经验。大会提出应用钠-葡萄糖共转运体（sodium-glucose co-transporter，SGLT）抑制剂治疗糖尿病及预防并发症已进入黄金时代，2019 年由美国心脏病学会（ACC）联合美国心脏协会（AHA）发布的《2019 年 ACC/AHA 心血管疾病一级预防指南》也明确推荐 SGLT2 抑制剂用于糖尿病患者心血管疾病（CVD）的一级预防。目前全球 T2DM 患者达 4.25 亿人，可以预计，若采用 SGLT2 抑制剂进行治疗将可大幅度减少因心血管疾病并发症的住院事件并且预防慢性肾脏病进展，开启治疗糖尿病及其并发症的新篇章。本章节主要回顾 SGLT2 抑制剂的相关临床试验。

第一节　SGLT2 抑制剂作为降糖药物

一、单药治疗

一篇包括 10 项随机对照试验（randomized controlled trial，RCT）研究的荟萃分析表明，与安慰剂组相比，SGLT2 抑制剂治疗显著降低患者糖化血红蛋白（HbA1c）以及身体质量指数（BMI）水平，然而空腹血糖或餐后 2 小时血糖却没有显著变化。另一篇网络荟萃分析表明相比于安慰剂组，SGLT2 抑制剂作为单药治疗可以显著降低患者 HbA1c水平，增加患者 HbA1c 达标率并且降低患者平均体重（平均降低 1.63 ～ 3kg）。另一项针对达格列净作为单药治疗的荟萃分析得出了类似的结论。此外，一项比较 T2DM 单药治疗效果的荟萃分析发现 SGLT2 抑制剂治疗组与二肽基肽酶-4（DPP-4）抑制剂治疗组相比，二者在低血糖事件发生率上无明显差异，但 SGLT2 抑制剂治疗组却能够更为显著地降低 HbA1c 与空腹血糖水平（0.13%，95% CI 0.04 ～ 0.22；$P = 0.005$）。

二、与二甲双胍联用

研究表明相比于二甲双胍单药治疗组，各种类型的 SGLT2 抑制剂与二甲双胍联用治疗都更为显著地降低 HbA1c、空腹血糖、体重和收缩压水平。在对 RCT 研究进一步分析后，一项比较 SGLT2 抑制剂与 DPP-4 抑制剂联用二甲双胍治疗的荟萃分析中，SGLT2 抑制剂治疗组能够显著降低空腹血糖水平，轻微降低 HbA1c 水平且组间低血糖事件发生率无统计学差异。在 4 项评估 T2DM 初始联合用药治疗的随机对照研究中，相比于二甲双胍单药治疗组,SGLT2 抑制剂与二甲双胍联合治疗可以显著降低 HbA1c 水平(-0.55%,95% CI $-0.67 \sim -0.43$)和体重(-2.00 kg,95%CI $-2.34 \sim -1.66$)。相比于 SGLT2 抑制剂单药治疗组,联合用药降低 HbA1c 水平更为显著(-0.59%,95% CI $-0.72 \sim -0.46$),体重也同样显著下降(-0.57 kg,95% CI $-0.89 \sim -0.25$)。

三、与磺脲类药物联用

在一项以磺脲类药物与二甲双胍联用的研究中发现,相比于安慰剂组,SGLT2 抑制剂联用可以在治疗 14 ~ 28 周以及 52 ~ 78 周显著降低 HbA1c 和体重水平。此外,研究还观察到加入 SGLT2 抑制剂治疗后还能显著降低血压及三酰甘油水平并增加高密度脂蛋白水平。然而相比于安慰剂组,加入 SGLT2 抑制剂可导致低血糖发生率增加,因此临床上建议联用时减少磺脲类药物剂量。

四、与 DPP-4 抑制剂联用

SGLT2 抑制剂与 DPP-4 抑制剂降低血糖机制不同但具有一定的协同作用,因此将二者在 T2DM 的治疗中进行联用显得非常合理。研究发现 SGLT2 抑制剂与 DPP-4 抑制剂联用与 DPP-4 抑制剂单药治疗相比,可进一步改善血糖控制、降低血压以及体重水平。与 SGLT2 抑制剂单药治疗相比,额外加入 DPP-4 抑制剂则仅轻微降低 HbA1c 以及空腹血糖水平,对于体重及血压控制则无明显统计学意义。

五、与吡格列酮联用

一项包含 4 项 RCT 研究的荟萃分析表明相比于吡格列酮单药治疗组,小剂量与大剂量 SGLT2 抑制剂与吡格列酮联用治疗均可显著降低 HbA1c、空腹血糖、体重及血压水平。此外,研究还表明联合用药可以使更多患者 HbA1c 达标($<7\%$)。

六、与胰高血糖素样肽 -1 受体激动剂(GLP1RA)联用

临床数据表明,SGLT2 抑制剂与 GLP1RA 联用可以进一步降低 HbA1c、空腹血糖、体重及血压水平。从内分泌机制角度来看,虽然 SGLT2 抑制剂倾向于升高血清胰高血糖素水平,但 GLP1RAs 则降低了胰高血糖素的分泌。

七、与胰岛素联用

研究表明与安慰剂组相比,应用 SGLT2 抑制剂联合胰岛素治疗 T2DM 患者可以显著降低 HbA1c、空腹血糖、体重水平,有趣的是研究发现患者胰岛素剂量平均每日减少 8.79 U。此外,研究组间低血糖事件发生率未有明显差异。然而,一些报道还提出在接受胰岛素治疗的 T2DM 患者联合应用 SGLT2 抑制剂会增加酮症酸中毒的风险,尤其在 C 肽水平较低的患者中更为显著。

第二节 SGLT2抑制剂在不同人群中的应用

一、肥胖人群

在以往SGLT2抑制剂降糖效果相关的临床研究中发现基线BMI与SGLT2抑制剂降糖效果无关。此外，三项以心血管预后为观察终点的临床试验（EMPA-REG OUTCOME、CANVAS和DECLARE-TIMI 58）发现，BMI＜30kg/m²和≥30kg/m²的患者相比，心血管复合终点未有显著差异，这一结果在另一项以肾脏预后为观察终点的临床试验中也得到了证实。

二、不同种族

SGLT2抑制剂的有效性及安全性在亚洲人群、欧洲及北美白种人群中无明显差异，这些研究表明SGLT2抑制剂可以在亚洲T2DM人群中使用。还有类似研究发现拉美裔人群及非裔美国人群中卡格列净药物代谢无明显差异。在以心血管或肾脏预后为观察点的临床试验中均发现各种族T2DM患者之间心血管终点事件发生率无明显统计学差异。

三、老年人群

在一项荟萃分析研究中，针对年龄＞60岁的亚组分析表明SGLT2抑制剂可有效降低血糖水平并对体重及血压控制也有积极作用。然而目前仍缺乏大型RCT研究针对老年人群，尤其是在年龄＞75岁的糖尿病患者进一步分析SGLT2抑制剂的有效性及安全性，仅有一小部分观察性研究。因此，在日常临床诊疗中对于老年糖尿病患者SGLT2抑制剂的使用需谨慎。不过显而易见的是对于一些一般情况相对较好的老年糖尿病患者，尤其对于超重和血压控制不佳的老年患者，可以选择加用SGLT2抑制剂。但对于那些一般情况较差的老年糖尿病患者应尽量避免使用，尤其是这些患者正在服用袢利尿剂时，SGLT2抑制剂可能会增加液体丢失及直立性低血压风险。此外，在应用胰岛素或磺脲类药物的老年糖尿病患者中还应注意使用SGLT2抑制剂可能会增加低血糖风险。值得注意的是有一项研究中发现年龄≥65岁的T2DM患者心血管复合终点事件发生率显著低于年龄＜65岁的患者，然而由于在其他RCT研究中并未得到证实，这一结果可能是偶然性的。

四、肾功能不全人群

尽管SGLT2抑制剂降低血糖的效果依赖于肾功能水平并且在eGFR＜45 ml/（min·1.73 m²）的患者中其降糖效果有所减弱，然而由于SGLT2抑制剂与降压药物尤其是与肾素血管紧张素醛固酮系统（RAAS）相关降压药物具有协同作用，因此其在CKD患者中的降压效果仍有效。研究发现在刚开始应用SGLT2抑制剂时eGFR出现短暂下降，停药后即恢复至基线水平。值得临床医师注意的是，SGLT2抑制剂可以显著降低糖尿病患者微量白蛋白尿并且降低患者进展为大量蛋白尿的风险。此外，对于临床诊疗非常有意义的是研究还发现即使者eGFR水平在30～45 ml/（min·1.73 m²），SGLT2

抑制剂同样能够带来心血管及肾脏方面的获益。

第三节 SGLT2 抑制剂作为心脏保护药物

一、Ⅱ期和（或）Ⅲ期对照试验

一些包括Ⅱ期或Ⅲ期临床试验的荟萃分析表明与安慰剂组患者相比，应用SGLT2抑制剂（卡格列净、达格列净和恩格列净）的糖尿病患者，心血管不良事件发生率未有显著性下降趋势。分析原因可以发现，这些临床试验募集的患者本身心血管风险偏低且随访时间较短（大多数为24～52周，很少有时间达2年）。在对所有随机对照试验的汇总分析中表明，应用SGLT2抑制剂的患者相比于安慰剂组，心肌梗死发生率以及因心力衰竭住院率呈显著下降趋势。

二、心血管预后试验

目前针对心血管预后的RCT试验常将主要不良心血管事件（major adverse cardiovascular events，MACE），包括心血管死亡、非致死性心肌梗死和非致死性卒中（3-pointMACE）结合起来，并将心血管并发症导致的死亡作为主要终点事件。然而值得注意的是，这一经典的3-pointMACE并未覆盖所有动脉粥样硬化性和非动脉粥样硬化性CVD发病率，尤其是合并心力衰竭的T2DM患者。三项心血管结局试验的结果（恩格列净的EMPA-REG OUTCOME，卡格列净的CANVAS，达格列净的DECLARE-TIMI 58）已发表。2020年6月艾格列净治疗伴有血管疾病T2DM患者心血管预后的结果也已得出。此外，这些临床试验募集的患者患有T2DM病程超过10年，有动脉粥样硬化且心血管并发症发生风险增加，大部分患者已明确诊断患有CVD（对应于心血管疾病二级预防），因此这些试验并不是为了评估一般T2DM患者的心血管获益（大多数患者在现实生活中处于心血管病一级预防）。研究表明在CVD高风险的T2DM患者中应用SGLT2抑制剂带来的心血管获益显著高于其他新型降糖药物例如DPP-4抑制剂和GLP-1受体激动剂。

三、3-point MACE 作为主要终点

EMPA-REG OUTCOME试验将7020例合并CVD的T2DM患者进行随机等比例分为3组，安慰剂组、小剂量恩格列净组和大剂量恩格列净组。在进行中位随访3.1年后，相比于安慰剂治疗组，恩格列净治疗组患者主要心血管复合终点事件发生率下降14%，具有统计学差异（$P < 0.04$），进一步分析可以发现该差异主要由心血管死亡率下降所致。

CANVAS项目整合了两项临床试验（CANVAS和CANVAS-R）数据，总共募集了10 142例合并心血管疾病风险的T2DM患者。其中2/3患者有心血管病史（二级预防），1/3患者有心血管危险因素（一级预防）。该项目将所有参与者随机分为卡格列净治疗组及安慰剂组，在进行中位随访3.1年后，相比于安慰剂组，卡格列净治疗组（随访期间71.4%患者剂量由100mg/d升至300mg/d）3-point MACE降低14%，差异具有统计学意义（$P < 0.02$），结果与EMPA-REG OUTCOME类似。

　　DECLARE-TIMI 58项目则在更广泛的T2DM人群中比较了达格列净治疗效果（10mg/d），该项目具有心血管危险因素患者占比更高（约3/5）。在进行中位随访4.2年后，与安慰剂组相比，达格列净治疗组3-point MACE发生率降低（约7%），但无统计学差异。进一步亚组分析表明，达格列净可以将既往有心肌梗死病史的患者3-point MACE发生率降低16%，差异有统计学意义，而对既往无心肌梗死的患者则无影响。

　　一项肾脏预后的临床试验（CREDENCE）募集了eGFR 30 ～ 90 ml/（min · 1.73 m²）且合并蛋白尿的T2DM患者。在进行中位随访2.62年后，试验发现相比于安慰剂组，卡格列净（100mg/d）降低3-point MACE发生率20%，差异有统计学意义。

　　通过以上分析可以发现，造成心血管预后差异化的原因主要是募集人群的特征不一致（即二级预防人群与一级预防人群比例不同），而不是SGLT2抑制剂的治疗效果存在差异。在三项心血管预后试验的荟萃分析中，动脉粥样硬化性CVD患者中观察到接受SGLT2抑制剂治疗的患者MACE平均降低11%（HR = 0.89，95% CI 0.83 ～ 0.96；P = 0.001 4），而在非动脉粥样硬化性CVD患者中没有观察到获益。

四、心血管和全因死亡率

　　在EMPA-REG预后试验中，与安慰剂组相比，恩格列净治疗组心血管死亡率（-38%；$P < 0.001$）和全因死亡率（-32%；$P < 0.001$）均显著下降，这一结论曾存在争议，但在随后更进一步的分析中得到证实。基于这些结果，恩格列净可使T2DM动脉粥样硬化性CVD患者生存期增加1 ～ 5年，年轻患者的平均生存期增加高于老年患者。此外，恩格列净在不同eGFR基线水平的CKD患者中同样能够降低患者死亡率以及3-point MACE。由于EMPA-REG OUTCOME结果提示恩格列净显著降低心血管并发症和全因死亡率，欧洲心脏病学会2019年指南推荐T2DM合并CVD患者使用恩格列净以降低死亡风险。在CANVAS研究中，心血管死亡率在卡格列净组与安慰剂组之间无统计学差异。

　　除了经典的3-point MACE作为结局，DECLARE-TIMI58结合心血管死亡和心力衰竭住院作为结局观察达格列净疗效，试验发现与安慰剂组相比，达格列净显著降低心血管死亡事件及心力衰竭住院事件（-17%；P = 0.005）。然而造成该试验统计学差异的原因是由于心力衰竭住院事件发生率高，而相比于安慰剂组，达格列净治疗组并不能显著降低心血管死亡率及全因死亡率。DECLARE-TIMI 58项目首次针对SGLT2抑制剂治疗T2DM患者并应用左心室射血分数（LVEF）进行分层进一步分析心血管结局，试验结果表明达格列净仅在心力衰竭患者中降低死亡率。

五、心肌梗死

　　在EMPA-REG OUTCOME、CANVAS及DECLARE-TIMI 58项目中，SGLT2抑制剂治疗组与安慰剂组之间心肌梗死发生率无统计学差异。但仔细分析发现在SGLT2抑制剂治疗组中，心肌梗死事件发生率呈下降趋势，一项包括这三个RCT研究的荟萃分析显示SGLT2抑制剂可以降低患者非致命性心肌梗死发生率。DECLARE-TIMI 58项目的亚组分析还发现达格列净可以降低既往有心肌梗死病史患者的3-point MACE发生率达16%，降低心肌梗死复发率达22%，然而在既往无心肌梗死病史的患者中无明显效应。

六、缺血性卒中

在EMPA-REG OUTCOME项目中，由于发生无法解释的组间失衡，该试验发现与安慰剂组相比，恩格列净治疗组卒中风险呈增加趋势（＋18%），且卒中风险的增加可能与血细胞比容增加或直立性低血压发生率增加无关。在CANVAS试验中，与安慰剂组相比，卡格列净治疗组能够降低非致死性卒中的发生率。而在DECLARE-TIMI 58项目中达格列净组与安慰剂组之间卒中发生率无明显差异。对这三项临床试验进行荟萃分析后发现在T2DM患者中，安慰剂组与SGLT2抑制剂治疗组之间卒中发生率无显著差异。另一项包含了所有SGLT2抑制剂上市前Ⅲ期临床试验的荟萃分析表明，与安慰剂组相比，卒中发生率无统计学意义。此外，另一项包括32项临床试验，75 540名合格受试者参与者的荟萃分析表明，SGLT2抑制剂治疗不会增加卒中发病率。因此目前普遍认为SGLT2抑制剂对卒中发生率无明显影响。

七、心力衰竭住院率

如前所述，所有表明SGLT2抑制剂降低心力衰竭住院率的心血管预后试验均在患有动脉粥样硬化CVD或存在多种CVD危险因素的T2DM患者中进行，并未专门针对心力衰竭患者。研究者在基线数据中提及心力衰竭，但未明确诊断（如测量BNP或做超声心动图检查），因此在缺乏具体数据的情况下，无法确定患者基线水平是否存在心力衰竭（DECLARE-TIMI 58项目亚组中除外）。在EMPA-REG OUTCOME项目中，与安慰剂组相比，使用依帕格列净治疗的患者，无论基线心功能水平，因心力衰竭住院的发生率显著降低，差异有统计学意义（−35%；$P = 0.02$）。将不伴心力衰竭的患者按照5年发生心力衰竭风险分为低风险、高风险和极高风险三组，结果表明三组之间在接受依帕格列净治疗后发生心血管死亡事件及因心力衰竭住院的发生率无明显差异。此外，还有研究表明依帕格列净治疗可以降低急性心力衰竭再住院率和死亡率。

在CANVAS项目中，尽管因心力衰竭住院呈减少趋势（−35%）与EMPA-REG OUTCOME项目中报道的趋势相近（−33%），但由于统计学因素，卡格列净治疗组与安慰剂组之间因心力衰竭住院的发生率未进行统计显著性检验。这一结果与另一项试验DECLARE-TIMI 58相似，该试验同样发现接受达格列净治疗的患者中，因心力衰竭住院的人数少于安慰剂组患者（−27%）。在CANVAS项目中观察到卡格列净在不同亚组人群中均能降低因心力衰竭住院的风险，但既往有心力衰竭病史的患者获益更大。在DECLARE-TIMI 58项目中对患者进行LVEF值评估，将患者分为LVEF正常与降低组，进一步分析表明无论LVEF正常或降低，达格列净均可降低患者因心力衰竭而住院的风险。

在三项心血管结局试验的荟萃分析中，SGLT2抑制剂使心血管死亡风险下降23%（$P < 0.001$），因心力衰竭而住院的风险降低1%（$P < 0.001$）。最后，在肾脏结局试验CREDENCE中，与安慰剂组相比，卡格列净组因心力衰竭住院的发生率也显著降低（−39%；$P < 0.001$）。此外另一项分析表明，一级和二级心血管预防患者组的心血管死亡率或心力衰竭住院发生率的复合风险也持续降低。患者心力衰竭在得到SGLT2抑

制剂治疗开始数月后得到迅速改善，提示 SGLT2 抑制剂在治疗早期主要效应为利尿和（或）血流动力学效应。DAPA-HF 是一项专门针对明确诊断心力衰竭患者的 III 期临床试验。研究人员随机将 4744 例心功能 II～IV 级的糖尿病患者分为达格列净治疗组（10 mg/d）和安慰剂组，中位随访 18.2 个月后，研究发现达格列净治疗显著降低 T2DM 患者心力衰竭发生率、心血管死亡率及全因死亡率。有趣的是，在非糖尿病患者中达格列净也能够显著降低心力衰竭事件。因此伴有心力衰竭以及 LVEF 降低的患者（无论是否合并 T2DM），达格列净均能预防心力衰竭恶化以及因 CVD 导致的死亡风险。此外，对 DAPA-HF 项目数据进一步分析后发现达格列净在不同年龄范围患者中同样降低了死亡和心力衰竭恶化的风险并能够改善心力衰竭症状，且在老年患者中用药安全性高。

第四节　SGLT2 抑制剂作为肾脏保护药物

与其他降糖药物相比，SGLT2 抑制剂具有显著的肾脏保护效应，其对白蛋白尿、eGFR 下降等均具有积极作用。从目前已有的数据可以观察到，应用 SGLT2 抑制剂仅可导致轻微的血红蛋白下降，而对于 T2DM 合并慢性肾功能不全的患者，其可以降低心血管疾病及肾功能损伤风险，且用药相对安全。一些正在进行的专门针对肾脏预后的临床试验将对 SGLT2 抑制剂是否能够减缓伴或不伴 T2DM 患者的肾功能损害提供进一步证据。此外，在真实世界研究中，SGLT2 抑制剂的肾脏保护作用已经得到证实。

一、临床试验二次分析

在三项心血管结局试验中，肾脏结局被作为预先设定的次要终点进行研究。EMPA-REG OUTCOME 项目发现与安慰剂组相比，恩格列净可以使 CKD 患者病情进展减缓，表现为白蛋白尿减少、eGFR 下降幅度降低以及临床上肾脏相关事件发生率降低（包括进展为 ESRD）。在治疗开始时，经校正后发现恩格列净治疗组患者每周 eGFR 下降而安慰剂组患者没有下降。然而，在长期治疗后，恩格列净治疗组患者的 eGFR 并未明显下降，而在安慰剂组患者中观察到 eGFR 的显著下降（组间差异，$P < 0.001$）。进一步分析表明恩格列净降低蛋白尿水平与基线时的蛋白尿水平无关。

在 CANVAS 项目中，预先设定的结局包括校正后血清肌酐值翻倍、ESRD 持续状态或肾脏原因导致的死亡。此外，该项目还研究了此复合结局的各个组成部分如 eGFR 年下降程度和尿白蛋白肌酐比值的变化。与安慰剂组相比，卡格列净治疗组的复合肾脏结局发生率较低，且在预先指定的亚组患者中具有一致的结果。与接受安慰剂治疗的参与者相比，接受卡格列净治疗的参与者年 eGFR 下降速度较慢，平均尿白蛋白肌酐比值较低。由于随访时间较短（2.4 年），仅观察到 ESRD 进展减少的趋势。在二级和一级心血管预防队列研究中同样观察到肾脏结局发生率降低。此外，eGFR 和蛋白尿水平不同患者之间肾脏结局（和大多数心血管事件）无明显差异，但与无蛋白尿的参与者相比，蛋白尿严重增加的参与者肾脏复合结局的绝对风险降低程度更大。

在 DECLARE-TIMI 58 项目中发现，与安慰剂组相比，达格列净治疗组预先设定的肾脏特异性复合结局降低47%（$P < 0.0001$）。与安慰剂组相比，达格列净组的 ESRD 或肾脏死亡风险也较低（-59%；$P = 0.012$）。在各种预先设定的亚组中，达格列净治疗组与安慰剂组相比，肾脏特异性复合结局得到改善，包括由基线 eGFR 和存在或不存在动脉粥样硬化 CVD 的亚组。随机分组治疗6个月后，达格列净治疗组的患者 eGFR 平均下降幅度大于安慰剂组，随访2年后两组之间无明显差异，但在随后的第3年和第4年随访发现，达格列净治疗组患者 eGFR 平均下降幅度显著小于安慰剂组（$P < 0.0001$）。

最后，在DAPA-HF项目中，心力衰竭和LVEF 降低的患者肾脏复合结局（eGFR持续降低50%或更多、ESRD或因肾脏原因死亡）的发生率在两组之间没有差异，原因可能是随访时间过短（18.2个月）。值得注意的是，与安慰剂组相比，达格列净治疗组患者肾脏复合结局有减少趋势（HR = 0.71，95% CI 0.44 ～ 1.16）。此外，达格列净组严重肾脏不良事件的发生率低于安慰剂组（$P = 0.0009$）。

二、肾脏预后试验

CREDENCE是第一个专门评估 SGLT2 抑制剂减缓 CKD 进展临床效果的 RCT 研究。患有 T2DM 并伴有白蛋白尿的CKD患者被分为两组，一组接受每日100 mg剂量的卡格列净治疗，另一组为安慰剂组。所有患者均接受RAAS 阻滞剂治疗，其 eGFR 水平为 30 ～ 90 ml/（min·1.73 m²），白蛋白尿水平（尿白蛋白肌酐比 > 300 ～ 5000 mg/g）。中位随访 2.62 年后（根据数据和安全监察委员会的建议进行计划的中期分析后，试验提前停止），卡格列净治疗组的主要结局 -ESRD、血清肌酐水平加倍或因肾脏或心血管原因导致死亡的相对风险比安慰剂组低30%（$P = 0.00001$）。此外，相比于安慰剂组，卡格列净治疗组肾脏特异性复合相对风险低34%（$P < 0.001$），ESRD 的相对风险低32%（$P = 0.002$）。研究还发现相比于安慰剂组，卡格列净治疗组发生 3-pointMACE（-20%；$P = 0.01$）和因心力衰竭住院（-39%；$P < 0.001$）的风险也更低。随后的分析表明，一级和二级预防组的主要复合肾脏结局和心血管死亡或因心力衰竭住院的复合风险均持续降低。总体而言，CREDENCE 的研究结果证实并加强了之前心血管结局试验中报告的结果。随后的分析表明，一级预防组和二级预防组的主要肾功能转归、心血管疾病死亡率或因心力衰竭住院的综合风险均持续降低。总的来说，CREDENCE的研究结果证实并加强了先前心血管研究中所得出的结论。

第五节　器官保护机制

SGLT2抑制剂对于心血管和肾脏的保护有许多潜在机制。例如持续血糖控制不佳会对血管壁产生有害影响。此外，与葡萄糖毒性相关的胰岛素抵抗也被认为是心血管危险因素之一。然而，强化血糖控制对心血管并发症的影响目前仍存在争议。值得注意的是，许多心血管结局试验旨在寻找 SGLT2 抑制剂治疗组和安慰剂组之间的血糖平衡，从而导致 HbA1c 的组间差异很小。EMPA-REG OUTCOME项目和CANVAS项目表明，SGLT2 抑制剂对于心血管和肾脏保护作用独立于降糖作用。此外，无论基线 HbA1c 水平如何以及治疗期间SGLT2抑制剂降低HbA1c水平程度如何，SGLT2抑制剂对心脏及肾脏的获益一致。这些结果与 DAPA-HF 项目中的观察结果一致，即 SGLT2 抑制剂对于患有和未患有 T2DM 的患者，其保护作用是相同的，而与高血糖患者相比，血糖正常患者的血糖水平没有改变。

据报道，卡格列净、达格列净和恩格列净对几种心血管危险因素有积极影响。因此人们可能会推测，这些组合效应可以共同解释所观察到的 SGLT2 抑制剂对心血管疾病、心力衰竭和 CKD 的保护作用。然而对 EMPA-REG OUTCOME 进一步探索性分析表明，与血浆容量标志物相比，一些传统心血管危险因素（包括肥胖、血压和血脂水平）无明显变化。通过将 EMPA-REG OUTCOME 的结果与其他使用降压药物的大型试验结果进行比较，恩格列净降低血压对改善心血管结局和肾脏结局的作用很小，尤其是在基础血压控制良好的患者中。SGLT2 抑制剂对于器官保护的机制包括内分泌和（或）代谢、血流动力学和生化等机制且相互之间有紧密的联系。以上这些目前仍然是假设，仍需要大量研究进一步证实。

第六节　药物安全性

研究表明一般情况下卡格列净、达格列净和恩格列净安全性良好，然而近年来 SGLT2 抑制剂的药物安全性仍然引起广泛关注。值得注意的是，多项 RCT 研究报道了不一致的结果，包括心血管结局试验、观察性队列研究和药物警戒报告。此外，FDA 和 EMA 都发布了具体警告，特别是关于应用 SGLT2 抑制剂造成罹患下肢截肢、糖尿病酮症酸中毒、骨折、急性肾损伤和 Fournier 坏疽的风险增加。还有研究发现应用 SGLT2 抑制剂使者发生严重皮肤病和某些癌症的风险增加。因此，临床在应用 SGLT2 抑制剂还需要充分了解其风险。

一、低血糖

当临床上使用降糖药物时最常见的不良反应之一是发生低血糖。SGLT2 抑制剂的降糖作用为非胰岛素依赖性的，因而可改善血糖控制而发生低血糖风险概率较低。在一项包括 II～III 期临床试验的荟萃分析、三项大型前瞻性心血管结局试验、CREDENCE 及 DAPA-HF 中，发生低血糖风险在 SGLT2 抑制剂治疗组与安慰剂组之间无差异。然而，如果 SGLT2 抑制剂联合磺脲类降糖药或胰岛素治疗可能会发生低血糖并发症。此类不良事件可以通过减少胰岛素促分泌剂药物或外源性胰岛素的剂量来预防，尤其在 HbA1c 接近目标值的 T2DM 患者中要更为小心。

二、泌尿系统感染

既往研究发现应用 SGLT2 抑制剂出现糖尿增加，因此推测 SGLT2 抑制剂的应用会导致尿路感染风险增加。然而，2018 年发表的一项针对 86 项 RCT 纳入 50 880 例 T2DM 患者的荟萃分析表明，与安慰剂（RR 1.03，95% CI 0.96～1.11）或活性对照药相比，SGLT2 抑制剂的造成泌尿道感染的风险并未增加（RR 1.08，95% CI 0.93～1.25）。大型前瞻性安慰剂对照心血管结局试验 EMPA-REG OUTCOME、CANVAS、DECLARE-TIMI 58 和 CREDENCE 也得出了同样的结论。同样，两个广泛的美国商业数据库也提示

SGLT2抑制剂在常规临床应用中，患者发生严重和非严重泌尿系统感染事件的风险与使用其他降糖药物的患者相似。肾盂肾炎或败血症病例极为罕见，且不一定与SGLT2抑制剂治疗相关。

三、生殖器真菌感染

相比于泌尿系统感染，EMPA-REG OUTCOME、CANVAS、DECLARE-TIMI 58和CREDENCE项目数据表明，应用SGLT2抑制剂使得真菌感染风险增加。在包含Ⅲ期临床RCT研究的荟萃分析中也观察到相比于安慰剂或其他降糖药（RR 3.89，95% CI 3.14～4.82）组，SGLT2抑制剂（RR 3.37，95% CI 2.89～3.93）增加了真菌感染风险。由于收集和报告不良事件的方式、人群特征或研究设计不同，研究所得出的数据可能略有不同，但不取决于SGLT2抑制剂本身的类型。总体而言，将SGLT2抑制剂与安慰剂或其他降糖药进行比较时，真菌感染的相对风险在3～6变化，其中女性真菌感染风险是男性的2倍。感染事件的强度通常为轻度至中度，临床上可控制，对标准抗真菌治疗反应良好，很少导致治疗中断。

四、低血容量表现

在随机对照试验中，相比于对照组，接受SGLT2抑制剂治疗的T2DM患者合并容量减少风险比值比为1.28（95%CI 1.11～1.46）。在一项对达格列净RCT的汇总分析中，达格列净治疗组与容量不足相关的不良事件发生率为1.1%，而安慰剂组为0.7%。在两组中低血容量事件大多在治疗的前8周内发生。两组患者中年龄≥65岁的患者、使用袢利尿剂的患者和eGFR＜60 ml/（min·1.73 m²）的患者发生低血容量风险更高。研究发现卡格列净治疗组与安慰剂组相比，低血容量相关不良事件的风险有增高趋势，但无显著统计学差异，而与其他降糖药物相比则无此趋势。另一篇研究表明与安慰剂组相比，无论恩格列净每日剂量多少（10 mg或25 mg），其造成的低血容量相关不良事件的风险在两组之间没有差异。EMPA-REG OUTCOME和DECLARE-TIMI 58项目中，接受安慰剂治疗的患者和接受SGLT2抑制剂治疗的患者相比，出现血容量不足不良事件的患者比例相似。然而，在CANVAS研究中，卡格列净治疗组患者与血容量不足相关的不良事件明显多于安慰剂组（$P=0.009$），而在CREDENCE项目报道了血容量不足在SGLT2抑制剂治疗治疗组患者中的升高趋势（HR 1.25，95% CI 0.97～1.59）。在招募心力衰竭和LVEF降低患者的DAPA-HF项目中，达格列净治疗组和安慰剂治疗组患者发生血容量不足相关的不良事件发生率没有差异。在一项系统综述中发现，SGLT2抑制剂造成低血压风险比其他降糖药物高2倍以上。然而，这些发现并没有在另一项Meta分析中得到证实，该研究将卡格列净和达格列净与安慰剂或其他降糖药物进行比较，结果显示两组间症状性直立性低血压发生率相似。此外，在高血压患者和非高血压患者中，应用达格列净10mg治疗组与安慰剂组患者间直立性低血压发生比例相似。

五、酮症酸中毒

自2015年以来，人们普遍认识到SGLT2抑制剂易导致酮症酸中毒。然而正如像随机对照试验一样，正确并规范使用SGLT2抑制剂并且严格对治疗进行监测，那么T2DM患者发生糖尿病酮症酸中毒的风险非常低。同样，在EMPA-REG OUTCOME-OUTCOM项目和CANVAS项目中没有报道糖尿病酮症酸中毒的发生率增加。然而，在DECLARE-TIMI 58项目中，糖尿病酮症酸中毒事件被报告为非常罕见的不良事件，其发生率在达格列净治疗组中更为常见，80%的糖尿病酮症酸中毒患者在基线时接受胰岛素治疗。在临床中情况可能会有所不同，目前的观察结果仍然存在差异。总体而言，在队列研究中，SGLT2抑制剂相关糖尿病酮症酸中毒的发生率为1.6/（1000人·年），而在RCT研究中低于1/（1000人·年）。大多数观察性研究报道，与接受其他降糖药物治疗的患者相比，接受SGLT2抑制剂治疗的患者发生糖尿病酮症酸中毒的概率几乎增加了2倍，但最近在分析来自美国四个大型索赔数据库的数据时发现，SGLT2抑制剂治疗造成糖尿病酮症酸中毒的概率增加有限。药物警戒研究报告了更多令人担忧的数据。事实上，在分析来自FDA 不良事件报告系统（FAERS）和世界卫生组织的药物警戒数据库（VigiBase）SGLT2抑制剂的数据时，糖尿病酮症酸中毒的报告比例在7 ～ 14变化。根据美国 FAERS 的一份报告，SGLT2抑制剂相关的糖尿病酮症酸中毒可能不限于任何特定的人口统计或合并症亚群，并且可能发生在 SGLT2抑制剂使用的任何阶段。然而，酮症酸中毒的风险可能因患者特征和特定临床状况而异。

六、骨折

一些观察表明 SGLT2抑制剂可以改变钙和磷的稳态，从而潜在地影响骨量和骨折风险。有关数据最初在 CANVAS项目中报告了卡格列净对骨骼的影响，但在包括T2DM和肾病患者的CREDENCE项目中未得到证实。此外，在CANVAS项目（HR 1.55）和CANVAS-R项目（HR 0.86）中发现SGLT2抑制剂对骨折的影响（$P = 0.005$）存在显著的异质性。在 CANVAS项目中，骨折往往早在开始使用卡格列净后12周就会发生，并且主要位于上肢和下肢的远端，这表明造成骨折的原因可能是不慎跌倒外伤而不是骨代谢的原因。卡格列净在老年T2DM人群中显示出良好的安全性，并不会显著影响整体骨矿物质密度和骨吸收。其他使用恩格列净的随机对照试验结果表明，包括EMPA-REG OUTCOME以及DECLARE-TIMI 58，接受 SGLT2抑制剂治疗的患者骨折风险没有增加。因此，CANVAS项目中的结果可能是一个偶然现象，它可能与卡格列净对骨相关生物标志物的直接影响无关。

七、截肢

FDA对CANVAS项目的安全性结果进行分析后怀疑应用卡格列净有较高的下肢截肢风险，且这种风险在CANVAS项目计划最终发表的论文中得到证实。与安慰剂组相比，每天应用100 ～ 300mg卡格列净治疗的T2DM患者截肢发生率几乎翻倍（HR 1.97，1.41 ～ 2.75）。应用100 ～ 300mg剂量卡格列净治疗与缺血性和感染性病因所造成的下肢截肢风险类似。在EMPA-REG OUTCOME项目中，即使在患有外周动脉疾病的患者中，使用恩格列净也没有观察到截肢发生率增加（在本研究中，下肢截肢仅作为严重不良事件收集，而不是作为预先设定的事件），在对截肢事件及其病因进行前瞻性研究的DECLARE-TIMI 58项目中使用达格列净同样如此。与 CANVAS项目相反，在

CREDENCE项目T2DM 和 CKD 患者中，卡格列净治疗组和安慰剂组经过2年随访后下肢截肢率没有显著统计学差异。在CANVAS项目中使用卡格列净增加截肢风险的原因尚不明确。因此考虑到SGLT2抑制剂可能增加的截肢风险，尤其是卡格列净，需谨慎权衡利弊，应根据每位T2DM患者的个体情况考虑开SGLT2抑制剂处方，一方面考虑心血管疾病或CKD的获益，另一方面考虑下肢截肢的风险。

八、急性肾损伤

极少数研究表明使用SGLT2抑制剂可能会存在急性肾损伤（AKI）风险，甚至偶尔需要进一步肾脏替代治疗。一项针对58项随机对照试验的网络和荟萃分析提供了3种SGLT2抑制剂在肾脏不良事件风险方面的不同结果，达格列净报告的风险较高，而恩格列净的风险较低。在针对以心血管结局试验为主的项目（EMPA-REG OUTCOME、CANVAS、DECLARE-TIMI 58 和 CREDENCE）的两项荟萃分析中，与接受安慰剂治疗的参与者相比，随机接受SGLT2抑制剂治疗的参与者发生AKI的风险反而持续不断降低。在 DAPA-HF项目中，接受达格列净治疗的患者AKI发生风险也同样降低。这些结果在实际临床中也得到证实，与其他降糖药相比，使用SGLT2抑制剂相关的AKI风险始终较低。总之，综合观察这些数据表明SGLT2抑制剂恩格列净甚至能够作为预防AKI的发生的新手段。

九、Fournier 坏疽

Fournier坏疽是一种会阴坏死性筋膜炎，由生殖器周围区域的皮下组织严重感染引起。众所周知，T2DM是发生Fournier坏疽的危险因素，但这种并发症仍然非常罕见。2013年3月至2018年5月，FDA确定了12例（7男5女）服用SGLT2抑制剂的患者出现Fournier坏疽。在大多数病例中，感染发生于SGLT2抑制剂治疗开始数月内，并且在大多数情况下不得不停药。所有患者都进行了手术清创，病情严重，其中患者死亡1例。由于这些令人震惊的观察结果，FDA决定发布关于SGLT2抑制剂相关潜在并发症的警告。在最近的一份报告中，FDA在2013年3月1日至2019年1月31日期间接受SGLT2抑制剂治疗的患者中发现了55例Fournier坏疽（3例死亡）。相比之下，FDA在1984年至2019年1月31日期间仅鉴定出19例与其他降糖药物相关的病例。尽管无法证明该并发症与SGLT2抑制剂之间的因果关系，但目前在接受SGLT2抑制剂治疗的患者中，Fournier坏疽被认为是新发现的安全问题。EMPA-REG OUTCOME项目和CANVAS项目所发表的论文中没有提到Fournier坏疽病例。在DECLARE-TIMI58项目中（最新的心血管结局试验，有着最大规模的队列和最长的随访时间），研究表明达格列净治疗组只有1例Fournier坏疽，安慰剂组有5例。在CREDENCE项目中，未报道有Fournier坏疽病例，在DAPA-HF项目中，安慰剂组中仅发现1例病例，而达格列净组中则没有。然而，在得出任何明确的结论之前，还需要对大型、匹配良好的队列进行进一步的观察研究。尽管如此，临床医师应该意识到这种可能的并发症，并在其早期阶段高度怀疑，以便提供快速和完善的诊疗护理。

SGLT2抑制剂可以单药或联合用药应用于1型糖尿病和2型糖尿病全病程周期。除了控制血糖，SGLT2抑制剂还可以发挥减轻体重、降低血压及血清尿酸等积极作用。因此，SGLT2抑制剂提供了内分泌疾病、心血管疾病及肾脏疾病等多学科融合的新机会，其控制血糖并降低心血管及肾脏并发症风险的作用将为糖尿病的治疗及慢性病管理翻开新的篇章。

（丁　昊）

参 考 文 献

Arnett DK，Khera A，Blumenthal RS．2019 ACC/AHA guideline on the primary prevention of cardiovascular disease：part 1，lifestyle and behavioral factors．JAMA cardiology，2019，4（10）：1043-1044.

Baker WL，Smyth LR，Riche DM，et al．Effects of sodium-glucose co-transporter 2 inhibitors on blood pressure：a systematic review and meta-analysis．Journal of the American Society of Hypertension：JASH，2014，8（4）：262-275，e9.

Bersoff-Matcha SJ，Chamberlain C，Cao C，et al．Fournier gangrene associated with sodium-glucose cotransporter-2 inhibitors：a review of spontaneous postmarketing cases．Annals of internal medicine，2019，170（11）：764-769.

Bonora BM，Avogaro A，Fadini GP．Sodium-glucose co-transporter-2 inhibitors and diabetic ketoacidosis：An updated review of the literature，2018，20（1）：25-33.

Cefalu WT，Kaul S．Cardiovascular outcomes trials in type 2 diabetes：where do we go from here? reflections from a diabetes care editors' expert forum．Diabetes Care，2018，41（1）：14-31.

Cherney DZI，Zinman B，Inzucchi SE，et al．Effects of empagliflozin on the urinary albumin-to-creatinine ratio in patients with type 2 diabetes and established cardiovascular disease：an exploratory analysis from the EMPA-REG OUTCOME randomised，placebo-controlled trial．The lancet Diabetes & endocrinology，2017，5（8）：610-621.

Cintra R，Moura FA．Inhibition of the sodium-glucose co-transporter 2 in the elderly：clinical and mechanistic insights into safety and efficacy．Rev Assoc Med Bras，2019，65（1）：70-86.

Claggett B，Lachin JM，Hantel S，et al．Long-term benefit of empagliflozin on life expectancy in patients with type 2 diabetes mellitus and established cardiovascular disease．Circulation，2018，138（15）：1599-1601.

Cooper ME，Inzucchi SE，Zinman B，et al．Glucose control and the effect of empagliflozin on kidney outcomes in type 2 diabetes：an analysis from the EMPA-REG OUTCOME Trial．American journal of Kidney Diseases：the Official Journal of the National Kidney Foundation，2019，74（5）：713-715.

Cosentino F，Grant PJ，Aboyans V，et al．2019 ESC Guidelines on diabetes，pre-diabetes，and cardiovascular diseases developed in collaboration with the EASD．European heart journal，2020，41（2）：255-323.

Davidson JA．SGLT2 inhibitors in patients with type 2 diabetes and renal disease：overview of current evidence．Postgraduate medicine，2019，131（4）：251-260.

Defronzo RA．Banting Lecture．From the triumvirate to the ominous octet：a new paradigm for the treatment of type 2 diabetes mellitus．Diabetes，2009，58（4）：773-795.

Delanaye P，Scheen AJ．Preventing and treating kidney disease in patients with type 2 diabetes．Expert opinion on pharmacotherapy，2019，20（3）：277-294.

Fadini GP，Bonora BM，Avogaro A．SGLT2 inhibitors and diabetic ketoacidosis：data from the FDA Adverse Event Reporting System．Diabetologia，2017，60（8）：1385-1389.

Feng M, Lv H, Xu X, et al. Efficacy and safety of dapagliflozin as monotherapy in patients with type 2 diabetes mellitus: A meta-analysis of randomized controlled trials. Medicine, 2019, 98 (30): e16575.

Fitchett D, Butler J, van de Borne P, et al. Effects of empagliflozin on risk for cardiovascular death and heart failure hospitalization across the spectrum of heart failure risk in the EMPA-REG OUTCOME® trial. European heart journal, 2018, 39 (5): 363-370.

Fitchett D, Inzucchi SE, Lachin JM, et al. Cardiovascular mortality reduction with empagliflozin in patients with type 2 diabetes and cardiovascular disease. Journal of the American College of Cardiology, 2018, 71 (3): 364-367.

Fitchett D, Zinman B, Wanner C, et al. Heart failure outcomes with empagliflozin in patients with type 2 diabetes at high cardiovascular risk: results of the EMPA-REG OUTCOME® trial. European heart journal, 2016, 37 (19): 1526-1534.

Fralick M, Schneeweiss S, Patorno E. Risk of diabetic ketoacidosis after initiation of an SGLT2 inhibitor. The New England journal of medicine, 2017, 376 (23): 2300-2302.

Guo M, Ding J, Li J, et al. SGLT2 inhibitors and risk of stroke in patients with type 2 diabetes: A systematic review and meta-analysis. Diabetes, obesity & metabolism, 2018, 20 (8): 1977-1982.

Heerspink HJ, Desai M, Jardine M, et al. Canagliflozin slows progression of renal function decline independently of glycemic effects. Journal of the American Society of Nephrology: JASN, 2017, 28 (1): 368-375.

Heerspink HJL, Kosiborod M, Inzucchi SE, et al. Renoprotective effects of sodium-glucose cotransporter-2 inhibitors. Kidney international, 2018, 94 (1): 26-39.

Hupfeld C, Mudaliar S. Navigating the "MACE" in cardiovascular outcomes trials and decoding the relevance of atherosclerotic cardiovascular disease benefits versus heart failure benefits. Diabetes, obesity & metabolism, 2019, 21 (8): 1780-1789.

Inzucchi SE, Iliev H. Empagliflozin and assessment of lower-limb amputations in the EMPA-REG OUTCOME Trial, 2018, 41 (1): e4-e5.

Inzucchi SE, Kosiborod M, Fitchett D, et al. Improvement in cardiovascular outcomes with empagliflozin is independent of glycemic control. Circulation, 2018, 138 (17): 1904-1907.

Jabbour S, Seufert J, Scheen A. Dapagliflozin in patients with type 2 diabetes mellitus: A pooled analysis of safety data from phase II b/III clinical trials, 2018, 20 (3): 620-628.

Januzzi J, Ferreira JP, Böhm M, et al. Empagliflozin reduces the risk of a broad spectrum of heart failure outcomes regardless of heart failure status at baseline. European journal of heart failure, 2019, 21 (3): 386-388.

Kato ET, Silverman MG, Mosenzon O, et al. Effect of dapagliflozin on heart failure and mortality in type 2 diabetes mellitus. Circulation, 2019, 139 (22): 2528-2536.

Kaul S. Is the mortality benefit with empagliflozin in type 2 diabetes mellitus too good to be true? Circulation, 2016, 134 (2): 94-96.

Kelly MS, Lewis J, Huntsberry AM, et al. Efficacy and renal outcomes of SGLT2 inhibitors in patients with type 2 diabetes and chronic kidney disease. Postgraduate medicine, 2019, 131 (1): 31-42.

Kohan DE, Fioretto P, Tang W, et al. Long-term study of patients with type 2 diabetes and moderate renal impairment shows that dapagliflozin reduces weight and blood pressure but does not improve glycemic control. Kidney international, 2014, 85 (4): 962-971.

Li D, Shi W, Wang T. SGLT2 inhibitor plus DPP-4 inhibitor as combination therapy for type 2 diabetes: A systematic review and meta-analysis. Diabetes Obes Metab, 2018, 20 (8): 1972-1976.

Li J, Shao YH, Wang XG, Gong Y, et al. Efficacy and safety of sodium-glucose cotransporter 2 inhibitors as add-on to metformin and sulfonylurea treatment for the management of type 2 diabetes: a meta-analysis. Endocrine journal, 2018, 65（3）: 335-344.

Liakos A, Karagiannis T, Athanasiadou E, et al. Efficacy and safety of empagliflozin for type 2 diabetes: a systematic review and meta-analysis. Diabetes, obesity & metabolism, 2014, 16（10）: 984-993.

Liao HW, Wu YL, Sue YM, et al. Sodium-glucose cotransporter 2 inhibitor plus pioglitazone vs pioglitazone alone in patients with diabetes mellitus: A systematic review and meta-analysis of randomized controlled trials. Endocrinol Diabetes Metab, 2019, 2（1）: e00050.

Lim LL, Tan AT, Moses K, et al. Place of sodium-glucose cotransporter-2 inhibitors in East Asian subjects with type 2 diabetes mellitus: Insights into the management of Asian phenotype. Journal of diabetes and its complications, 2017, 31（2）: 494-503.

Mahaffey KW, Jardine MJ, Bompoint S, et al. Canagliflozin and cardiovascular and renal outcomes in type 2 diabetes mellitus and chronic kidney disease in primary and secondary cardiovascular prevention groups. Circulation, 2019, 140（9）: 739-750.

Mahaffey KW, Neal B, Perkovic V, et al. Canagliflozin for primary and secondary prevention of cardiovascular events: results from the CANVAS Program（Canagliflozin Cardiovascular Assessment Study）. Circulation, 2018, 137（4）: 323-334.

Matthews DR, Li Q, Perkovic V, et al. Effects of canagliflozin on amputation risk in type 2 diabetes: the CANVAS Program. Diabetologia, 2019, 62（6）: 926-938.

McMurray JJV, Docherty KF, Jhund PS. Dapagliflozin in patients with heart failure and reduced ejection fraction. Reply. The New England journal of medicine, 2020, 382（10）: 973.

Mikhail N. Use of sodium-glucose cotransporter type 2 inhibitors in older adults with type 2 diabetes mellitus. Southern medical journal, 2015, 108（2）: 91-96.

Milder TY, Stocker SL, Abdel Shaheed C, et al. Combination therapy with an sglt2 inhibitor as initial treatment for type 2 diabetes. A Systematic Review and Meta-Analysis, 2019, 8（1）: 45.

Mosenzon O, Wiviott SD, Cahn A, et al. Effects of dapagliflozin on development and progression of kidney disease in patients with type 2 diabetes: an analysis from the DECLARE-TIMI 58 randomised trial. The lancet Diabetes & endocrinology, 2019, 7（8）: 606-617.

Neal B, Perkovic V, Matthews DR. Canagliflozin and cardiovascular and renal events in type 2 diabetes. The New England journal of medicine, 2017, 377（21）: 2099.

Neuen BL, Young T, Heerspink HJL, et al. SGLT2 inhibitors for the prevention of kidney failure in patients with type 2 diabetes: a systematic review and meta-analysis. The lancet Diabetes & endocrinology, 2019, 7（11）: 845-854.

Perkovic V, Jardine MJ, Neal B, et al. Canagliflozin and renal outcomes in type 2 diabetes and nephropathy. The New England journal of medicine, 2019, 380（24）: 2295-306.

Puckrin R, Saltiel MP, Reynier P, et al. SGLT-2 inhibitors and the risk of infections: a systematic review and meta-analysis of randomized controlled trials, 2018, 55（5）: 503-514.

Rådholm K, Figtree G, Perkovic V, et al. Canagliflozin and heart failure in type 2 diabetes mellitus: results from the CANVAS program. Circulation, 2018, 138（5）: 458-468.

Salsali A, Kim G, Woerle HJ, et al. Cardiovascular safety of empagliflozin in patients with type 2 diabetes: a meta-analysis of data from randomized placebo-controlled trials. Diabetes, obesity & metabolism, 2016, 18（10）: 1034-1040.

Sarafidis PA, Tsapas A. Empagliflozin, cardiovascular outcomes, and mortality in type 2 diabetes. The

New England journal of medicine，2016，374（11）：1092.

Sattar N，McLaren J，Kristensen SL，Preiss D，and McMurray JJ．SGLT2 Inhibition and cardiovascular events：why did EMPA-REG Outcomes surprise and what were the likely mechanisms? Diabetologia，2016，59（7）：1333-1339.

Savarese G，D'Amore C，Federici M，et al．Effects of dipeptidyl peptidase 4 inhibitors and sodium-glucose linked cotransporter-2 inhibitors on cardiovascular events in patients with type 2 diabetes mellitus：a meta-analysis．International journal of cardiology，2016，220：595-601.

Savarese G，Sattar N，Januzzi J，et al．Empagliflozin is associated with a lower risk of post-acute heart failure rehospitalization and mortality．Circulation，2019，139（11）：1458-1460.

Scheen AJ，Delanaye P．Effects of reducing blood pressure on renal outcomes in patients with type 2 diabetes：Focus on SGLT2 inhibitors and EMPA-REG OUTCOME．Diabetes & metabolism，2017，43（2）：99-109.

Scheen AJ．An update on the safety of SGLT2 inhibitors．Expert opinion on drug safety，2019，18（4）：295-311.

Scheen AJ．Effects of reducing blood pressure on cardiovascular outcomes and mortality in patients with type 2 diabetes：Focus on SGLT2 inhibitors and EMPA-REG OUTCOME．Diabetes research and clinical practice，2016，121：204-214.

Shyangdan DS，Uthman OA，Waugh N．SGLT-2 receptor inhibitors for treating patients with type 2 diabetes mellitus：a systematic review and network meta-analysis，2016，6（2）：e009417.

Sinha B，Ghosal S．Sodium-glucose cotransporter-2 inhibitors（sglt-2i）reduce hospitalization for heart failure only and have no effect on atherosclerotic cardiovascular events：A Meta-Analysis，Diabetes Ther，2019，10（3）：891-899.

Sjöström CD，Johansson P，Ptaszynska A，et al．Dapagliflozin lowers blood pressure in hypertensive and non-hypertensive patients with type 2 diabetes．Diabetes &vascular disease research，2015，12（5）：352-358.

Sonesson C，Johansson PA，Johnsson E，et al．Cardiovascular effects of dapagliflozin in patients with type 2 diabetes and different risk categories：a meta-analysis．Cardiovascular diabetology，2016，15（37）：37.

Tang H，Cui W，Li D，et al．Sodium-glucose co-transporter 2 inhibitors in addition to insulin therapy for management of type 2 diabetes mellitus：A meta-analysis of randomized controlled trials．Diabetes，obesity & metabolism，2017，19（1）：142-147.

Tang H，Fang Z，Wang T，et al．Meta-analysis of effects of sodium-glucose cotransporter 2 inhibitors on cardiovascular outcomes and all-cause mortality among patients with type 2 diabetes mellitus．The American journal of cardiology，2016，118（11）：1774-1780.

Tang H，Li D，Zhang J，et al．Sodium-glucose co-transporter-2 inhibitors and risk of adverse renal outcomes among patients with type 2 diabetes：A network and cumulative meta-analysis of randomized controlled trials，2017，19（8）：1106-1115.

van Baar MJB，van Ruiten CC，Muskiet MHA，et al．SGLT2 Inhibitors in combination therapy：from mechanisms to clinical considerations in type 2 diabetes management．Diabetes care，2018，41（8）：1543-1556.

Vasilakou D，Karagiannis T，Athanasiadou E，et al．Sodium-glucose cotransporter 2 inhibitors for type 2 diabetes：a systematic review and meta-analysis．Annals of internal medicine，2013，159（4）：262-274.

Wang Y, Hu X, Liu X, Wang Z. An overview of the effect of sodium glucose cotransporter 2 inhibitor monotherapy on glycemic and other clinical laboratory parameters in type 2 diabetes patients. Therapeutics and clinical risk management, 2016, 12: 1113-1131.

Wang Z, Sun J, Han R, et al. Efficacy and safety of sodium-glucose cotransporter-2 inhibitors versus dipeptidyl peptidase-4 inhibitors as monotherapy or add-on to metformin in patients with type 2 diabetes mellitus: A systematic review and meta-analysis. Diabetes, obesity & metabolism, 2018, 20 (1): 113-120.

Wanner C, Heerspink HJL, Zinman B, et al. Empagliflozin and kidney function decline in patients with type 2 diabetes: a slope analysis from the EMPA-REG OUTCOME Trial. Journal of the American Society of Nephrology: JASN, 2018, 29 (11): 2755-2769.

Wanner C, Lachin JM, Inzucchi SE, et al. Empagliflozin and clinical outcomes in patients with type 2 diabetes mellitus, established cardiovascular disease, and chronic kidney disease. Circulation, 2018, 137 (2): 119-129.

Wiviott SD, Raz I, Bonaca MP, et al. Dapagliflozin and cardiovascular outcomes in type 2 diabetes. Randomized Controlled Trial, 2019, 380 (4): 347-357.

Yang XP, Lai D, Zhong XY, et al. Efficacy and safety of canagliflozin in subjects with type 2 diabetes: systematic review and meta-analysis. European journal of clinical pharmacology, 2014, 70 (10): 1149-1158.

Yasui A, Lee G, Hirase T, et al. Empagliflozin induces transient diuresis without changing long-term overall fluid balance in japanese patients with type 2 diabetes. Diabetes therapy: research, treatment and education of diabetes and related disorders, 2018, 9 (2): 863-871.

Zelniker TA, Wiviott SD, Raz I, et al. SGLT2 inhibitors for primary and secondary prevention of cardiovascular and renal outcomes in type 2 diabetes: a systematic review and meta-analysis of cardiovascular outcome trials. Lancet (London, England), 2019, 393 (10166): 31-39.

Zhang XL, Zhu QQ, Chen YH, et al. Cardiovascular safety, long-term noncardiovascular safety, and efficacy of sodium-glucose cotransporter 2 inhibitors in patients with type 2 diabetes mellitus: a systemic review and meta-analysis with trial sequential analysis. Journal of the American Heart Association, 2018, 7 (2).

Zhou Z, Jardine M, Perkovic V, et al. Canagliflozin and fracture risk in individuals with type 2 diabetes: results from the CANVAS Program. Diabetologia, 2019, 62 (10): 1854-1867.

Zhou Z, Lindley RI, Rådholm K, et al. Canagliflozin and stroke in type 2 diabetes mellitus. Stroke, 2019, 50 (2): 396-404.

Zinman B, Inzucchi SE, Lachin JM, et al. Empagliflozin and cerebrovascular events in patients with type 2 diabetes mellitus at high cardiovascular risk. Stroke, 2017, 48 (5): 1218-1225.

Zinman B, Lachin JM, Inzucchi SE. Empagliflozin, cardiovascular outcomes, and mortality in type 2 diabetes. The New England journal of medicine, 2016, 374 (11): 1094.

第十章

SGLT2 抑制剂的应用前景

钠-葡萄糖共转运蛋白2（SGLT2）是一个新型的糖尿病（DM）治疗靶点，与传统DM治疗药物作用机制不同，可以促使尿中排出体内多余的葡萄糖，从而减少糖基化蛋白，改善肝脏和外周组织的胰岛素敏感性、改善B细胞功能，并进一步改善肝脏胰岛素抵抗，从而促使较高的肝糖输出恢复正常。SGLT2抑制剂与其他抗糖尿病药物相比，具有以下优势：①使用范围较广，尤其适用于肾性糖尿病患者控制血糖；②不易引起低血糖，改善B细胞功能和胰岛素抵抗；③减少水钠潴留，降低心血管疾病风险；④副作用较少，通过能量平衡降低患者体脂。由于其独特的药理作用，SGLT2 抑制剂在很多临床疾病中有着广泛的应用前景，本章主要介绍SGLT2抑制剂在糖尿病等多种系统性疾病治疗中的应用前景。

一、SGLT2 抑制剂在糖尿病肾病中的应用前景

目前糖尿病肾病（DKD）防治重点是控制血糖、血压、体重、尿蛋白和尿酸等危险因素，降低肾功能进一步损害的风险。SGLT2抑制剂除降糖作用外，还有降低血压、减轻体重、降低血尿酸、改善肾小球高滤过、减少蛋白尿、改善氧化应激、抑制炎症和纤维化等作用。通过上述作用机制，目前临床研究表明SGLT2抑制剂在DKD治疗中展现出良好的前景。

1.改善肾脏血流动力学　肾小球高滤过状态是慢性肾脏病（CKD）的早期临床表现之一，是肾结构和激素水平变化相互作用的结果。肾小球高滤过状态是微量白蛋白尿和进行性肾功能下降的主要风险因素。在非糖尿病状态下，SGLT2负责约5%的钠重吸收，在高血糖的情况下，SGLT2和SGLT1的mRNA表达增加分别约为36%和20%，增加钠的重吸收，造成运输到致密斑的钠减少，抑制球管反馈，从而引起入球小动脉扩张、肾血流量增加和肾小球高滤过。SGLT2抑制剂可抑制近端小管钠的重吸收，增加远端钠输送，从而恢复球管反馈和改善肾小球高滤过。

2.改善氧化应激，抑制炎症和纤维化　炎症、氧化应激和纤维化都参与了DKD的发生和发展。实验研究已经证明SGLT2抑制剂与抗炎、抗氧化和抗纤维化标志物的减少有关。一项研究表明在使用伊格列净和恩格列净治疗后，单核细胞趋化因子-1（MCP-1）、核因子-κB（NF-κB）、8-羟基脱氧鸟苷（8-OHdG）和L-脂肪酸结合蛋白（L-FABP）等氧化应激和巨噬细胞标志物的水平降低。另有一项研究表明，与安慰剂相比，使用达格列净治疗6周后尿中炎性标志物白介素-6（IL-6）降低23.5%，MCP-1降低14.1 %。肾脏近端小管负责大部分的水、有机溶质和电解质的重吸收，这些过程是氧依赖性的，SGLT2抑制剂减少钠和葡萄糖的重吸收，降低肾小管负荷，改善缺氧，从而减轻肾小管损伤，保护肾小管细胞的结构和功能。

3.改善血压　Logistic回归分析表明收缩压是糖尿病肾病尿蛋白进展的独立危险因素。收缩压为140～149mmHg（1 mmHg＝0.133 kPa）的患者进展为终末期肾病（ESRD）的风险增高，收缩压＞150 mmHg的DKD患者进展为ESRD的风险增加1倍以上。因此，控制血压有利于延缓DKD的发展。在EMPA-REG试验中，与安慰剂组相比，恩格列净组的收缩压下降4 mmHg，即便在预估肾小球滤过率（eGFR）下降的情况下，SGLT2抑制剂的降压作用仍然不会减弱。在一项为期24周的临床试验中同样观察到，基线eGFR不同的各个亚组中，SGLT2抑制剂的降压效果是类似的。SGLT2抑制剂的降压作用可能与改善动脉顺应性有关。在DKD患者中，血压是导致动脉硬化的关键因素，脉搏波传导速度作为一项反映动脉硬化的指标，在患者接受恩格列净治疗后显著降低，这与体重减轻或负钠平衡引起的血管平滑肌松弛有关，也可能与SGLT2抑制剂对氧化应激和内皮功能障碍的改善有关。

4.减轻体重　一项横断面研究表明，肥胖是DM患者发生微量白蛋白尿的重要危险因素。除此之外，有研究指出肥胖通过肾小球滤过、脂肪因子及慢性炎症、肾素-血管紧张素-醛固酮系统（RAAS）进而影响肾功能。EMPA-REG试验表明，与安慰剂组相比，10 mg/d或25 mg/d的恩格列净可使体重下降约2kg。在CANVAS和CANVAS-R中观察到，与安慰剂组相比，100 mg/d或300 mg/d的卡格列净组体重都有明显减少。这可能与SGLT2抑制剂引起的尿糖增加带来的热量损失有关，同时也间接导致了代谢增加、脂肪分解。在开始服用恩格列净的2周内血浆甘油、脂肪酸水平的增加（反映脂肪分解增加）和β-羟丁酸酯水平升高（反映肝脏脂肪氧化增加），这些效应共同作用导致体重下降。

5.减少尿蛋白　在EMA-REG试验中，与安慰剂组的16.2%相比，恩格列净组有11.2%的患者进展为大量蛋白尿，相对减少38%，恩格列净组大量蛋白尿进展的相对风险也显著降低。CANVAS试验结果显示：与安慰剂相比，卡格列净组蛋白尿减少27%。在CREDENCE试验中，卡格列净组的平均尿蛋白/肌酐比值（UACR）降低了31%，明显优于安慰剂组。DELIGHT试验中，治疗24周后，达格列净组的平均UACR变化为21%，较安慰剂组显著下降。SGLT2抑制剂降低尿蛋白的作用可能与恢复球管反馈和改善肾小球高压有关，且这一效应独立于其对血糖、血压或体重的影响。

6.降低血尿酸　一项关于2型糖尿病db/db小鼠模型的研究表明，降低尿酸可以减轻小鼠的肾小管损伤。另外，一项对肾功能正常、无明显蛋白尿的2型糖尿病患者进行5年随访观察的试验发现，高尿酸血症组CKD的累计发生率明显高于无高尿酸血症组。单因素Logistic回归分析表明高尿酸血症的存在使CKD发生风险增高1倍。因此，降低血尿酸可以减缓CKD的发生和发展。一项卡格列净的随机临床试验中，受试对象的基线血尿酸水平为5.3～5.4 mg/dl，卡格列净100 mg组和300 mg组的血尿酸在用药26周后降低了13%以上。其中，高尿酸血症患者在接受卡格列净100 mg和300 mg治疗后，分别有23.5%和32.4%的患者血尿酸水平降低至6 mg/dl以下，而用安慰剂治疗后，仅3.1%的患者血尿酸低于6mg/dl。可能与SGLT2抑制剂升高尿液葡萄糖水平、激活肾脏SLC2A9转运蛋白、竞争性抑制尿酸重吸收、促进尿酸排泄有关。

综上所述，SGLT2抑制剂作为新型2型糖尿病治疗药物，除了降糖作用外，还通过多种保护机制，改善肾脏预后。2020年美国糖尿病协会（ADA）指南提出，无论血糖是否达标，合并CKD的糖尿病患者均建议使用SGLT2抑制剂治疗。越来越多地相关临床研究将提供更多有力的证据来指导临床工作。

二、SGLT2抑制剂在CKD中的应用前景

CKD治疗现有的三大"武器"是激素、免疫抑制剂和RAAS阻断剂，而未来的三大"武器"则是SGLT2抑制剂、RAAS阻断剂和生物靶向药。激素和免疫抑制剂是治疗慢性肾小球肾炎、狼疮性肾炎、紫癜性肾炎等肾脏病的经典用药；RAAS阻断剂包括普利类和沙坦类降压药，这两类药除了降血压外，还具有降尿蛋白和肾脏保护作用；SGLT2抑制剂的降糖作用依赖于肾脏血浆流量，因此，SGLT2抑制剂批准上市之初仅用于肾功能良好的2型糖尿病患者。然而基础研究及临床实践证明，SGLT2抑制剂具有独立于降糖作用之外的肾脏保护效应，包括减轻体重，降低血压、白蛋白尿，抗炎和抗纤维化，改善肾小管氧合状态，调节管球反馈缓解肾小球高滤过状态等。更为重要的是，尽管在CKD4期患者中降糖作用减弱，但SGLT2抑制剂在CKD各期均发挥肾脏保护效应。

随着心血管安全性三大研究项目的完成（EMPA-REG、CANVAS及DECLARE研究），进一步证实SGLT2抑制剂除了降低心血管事件外，还可以持续降低肾脏复合硬终点事件（肌酐倍增、终末期肾病、肾脏疾病死亡），且均与血糖控制无关。以往的临床经验提示，常用的RAAS阻断剂即使达到最大耐受剂量，有时仍然难以控制蛋白尿的进展。CREDENCE研究提示，对于已行RAAS阻断治疗的2型糖尿病伴白蛋白尿（尿白蛋白/肌酐＞300 mg/g）的CKD患者，SGLT2抑制剂可能是更好的治疗选择。在充分使用RAAS阻断剂的基础上，联用SGLT2抑制剂可预防甚至逆转蛋白尿，二者在延缓肾脏疾病进展，降低肾脏终点事件方面发挥协同作用。因此，在合并肾功能损伤患者中，更应强调SGLT2抑制剂早应用、早获益的治疗理念。SGLT2抑制剂使用期间对eGFR的影响表现为"先抑后扬"，先降低约5ml/（min·1.73m^2），但数周后恢复到基线并长期维持，无论有无CKD均如此。故在应用早期，患者eGFR下降时应引起重视，注意监测。

由于SGLT2抑制剂并不影响肠道SGLT1对葡萄糖的转运，因此，与二甲双胍相比，SGLT2抑制剂的胃肠道副作用相对较小。同时，由于其非胰岛素依赖的降糖作用，发生低血糖风险较低。虽然SGLT2抑制剂在临床应用过程中疗效确切且安全性良好，但仍存在一定的不良反应。例如：①泌尿生殖道感染：SGLT2抑制剂导致的持续高尿糖状态可能引起泌尿生殖道感染风险增加，以轻至中度感染为主。大型队列研究表明，SGLT2抑制剂与其他二线抗糖尿病药相比并未增加严重或非严重尿路感染的发生风险，但仍需强调有泌尿生殖道感染史的患者应避免使用SGLT2抑制剂，在用药过程中尤其是第1个月，应密切观察是否出现尿感症状。②容量不足相关症状：由于SGLT2抑制剂的渗透利尿作用，饮水不足或合并有其他引起血容量不足的因素时，可引起脱水、低血压、脑梗死等容量不足相关并发症，对于CKD患者，建议治疗期间监测低血压体征和症状。对于可能存在体液流失情况的患者，可考虑暂时停药。总的来说，SGLT2抑制剂安全性良好，一些特定的不良反应可通过避免危险因素、积极监测症状等加以预防。

三、SGLT2抑制剂在心血管疾病中的应用前景

根据美国食品药品监督管理局（FDA）的要求，所有新研发的降糖药都要进行心血管安全性的研究，否则不准上市。因此列净类降糖药都进行了心血管安全性的试验研究，包括卡格列净的CANVAS研究，达格列净的DECLARE研究，恩格列净的EMPA-REG研究，三者均发现，列净类降糖药不但对心血管没有损害作用，反而降低2型糖尿病患者的心血管死亡风险，说明列净类降糖药具有明确的心血管保护作用。基于这三大研究，2018年，列净类降糖药用于糖尿病患者心血管事件风险的适应证获得批准，此类药物能够降低既往有心血管疾病患者的非致死性心肌梗死、非致死性卒中及心血管死亡风险。

SGLT2抑制剂改善心血管终点事件的机制，目前的研究基于如下几方面的考虑。

1. SGLT2抑制剂协同RAAS阻滞剂作用通过抑制肾脏RAAS的活性保护心肾功能　血管紧张素 II（Ang II）是血管紧张素 I（Ang I）在血管紧张素转化酶（ACE）作用下水解产生的多肽物质。人体的血管平滑肌、肾上腺皮质球状带细胞、心脏和肾脏存在血管紧张素受体。心力衰竭时，循环和心脏、肾脏局部的 RAAS 处于激活状态，患者血液和心肌中 Ang II 浓度、血浆和肾脏的肾素、肾素前体以及心肌中的ACE浓度均明显升高。Ang II 作为自分泌及旁分泌的激素，可强烈收缩血管，引起心室后负荷增加，致使心肌肥厚，细胞凋亡，间质纤维化，以及血管、心室重构。Ang II 的受体（ATR）包括 ATR1、2、3、4，其中 ATR1 有两种亚型，发挥主要生理作用。体内还可能存在不能被ACE抑制，且可促使 Ang I 转化为 Ang II 的物质，称为 Ang II 旁路代谢。

CREDENCE研究纳入了4401例合并慢性肾功能不全及蛋白尿的2型糖尿病患者，随访2.62年，发现卡格列净可显著降低以透析、肾脏移植、eGFR持续 < 15 ml/(min · 1.73 m^2) 为复合终点的肾脏主要终点事件的风险。CANVAS-R 研究纳入了5812例合并慢性肾功能不全及蛋白尿的DM患者，发现卡格列净可显著抑制DM患者蛋白尿的进展，降低肾脏替代治疗和因肾脏原因死亡的复合终点的风险。而 Shin 等学者的基础研究发现，使用达格列净后，大鼠尿液中 Ang II 和血管紧张素原浓度以及组织中 Ang I 标志物均显著下降。肾脏作为心脏的等位器官，其终点事件的改变可能在降低心血管事件风险中发挥着关键的作用。RAAS的激活在糖尿病肾病发展和糖尿病心力衰竭的发生中均扮演着重要角色，基础研究证实达格列净可通过调节球旁细胞器、球外系膜细胞、致密斑生理功能，收缩入球小动脉，与RAAS阻断剂协同作用，进一步抑制糖尿病大鼠RAAS的激活，通过保护肾脏发挥心脏保护的作用。

2. SGLT2抑制剂促进酮体β-羟丁酸的利用，通过线粒体改善心肌供能　研究表明SGLT2抑制剂可通过利用更高效的心肌替代燃料来改变心肌能量供应，改善心肌有效做功和心输出量，是心力衰竭事件获益的潜在机制之一。

饥饿状态下，心肌细胞首先通过游离脂肪酸（FFA）氧化供能，DM时心肌能量代谢的灵活性受损，对FFA过度依赖，与葡萄糖供能相比，为产生同等数量的3-磷酸腺苷（ATP），FFA需要燃烧更多的氧，心肌能量代谢受损，底物利用障碍，故导致心肌游离脂肪酸中间体堆积，产生脂毒性，损伤肌浆网钙摄取。SGLT2抑制剂产生的葡萄糖尿轻度刺激胰高血糖素，降低利于脂肪分解的胰岛素分泌，使循环中FFA浓度增

加，将机体的代谢供能由葡萄糖转变为脂肪，减少心肌呼吸效能，增加心肌耗氧。从这个角度讲，抑制 SGLT2 可能对心肌产生不利影响，加重 DM 心肌的局部缺氧，使本已存在的冠状动脉缺血和心功能障碍进一步恶化。然而，伴随 FFA 和胰高血糖素的升高，SGLT2 抑制剂可减少酮体经肾脏排泄，催生稳定且持续的高酮体状态。当体内酮体水平升高时，心肌优先利用酮体氧化为心肌供能，增加能量利用率，并降低线粒体酶高度乙酰化水平，减少氧化应激，激活线粒体以产生更多能量。对于心肌而言，β-羟丁酸是比 FFA、葡萄糖更高效的燃料，能提高心肌能效达 24%，增加心肌机械效率，减少心肌耗氧。在猪心肌梗死模型中，通过增加心肌酮体利用，可降低葡萄糖消耗，减少乳酸堆积。

3. SGLT2 抑制剂通过 SGLT1 调节心肌 Na^+/H^+ 转运，增加线粒体内 Ca^{2+} 浓度　研究证实在 DM 心力衰竭模型中，心肌细胞 Na^+/H^+ 转运体（NHE）表达增加，心肌细胞胞质内 Na^+ 与 Ca^{2+} 浓度随之增加，抑制线粒体表面钙转运，致线粒体内钙离子减少，ATP 生成降低，加速心力衰竭进展；心肌细胞内高 Na^+ 水平，可增加恶性心律失常风险。Baartscheer 等提出 SGLT2 抑制剂可抑制心肌细胞 NHE，减少胞质内 Na^+ 与 Ca^{2+} 浓度，增加线粒体内 Ca^{2+} 浓度，改善线粒体和心肌功能，但该作用依赖于 SGLT2。目前认为，上述机制并不直接作用于 SGLT2，而是调节 SGLT1 的表达。SGLT1 蛋白在人心脏毛细血管细胞中表达，DM 心力衰竭模型中，SGLT1 表达增加。研究者用荧光探针技术，发现 SGLT1 的上调提升了心肌细胞的转运效率，使得胞质内 Na^+ 和 Ca^{2+} 增加，造成线粒体和心肌功能受损。因此，抑制 SGLT1 能够改善心肌功能。但该效应仅存在于 DM 心力衰竭的心肌细胞中。

4. SGLT2 抑制剂通过利水利钠改善心肌功能　SGLT2 抑制剂通过近曲小管利水利钠排糖，伴随而来的渗透性利尿，通过 Frank-Starling 机制降低心脏前、后负荷。这种利尿作用不同于普通利尿剂。心力衰竭患者一般容量负荷过重，间质水肿显著，传统袢利尿剂和噻嗪类利尿剂同时减少血管和间质内多余容量，易产生血浆容量耗竭，激活神经内分泌系统，刺激血管收缩，使心功能恶化。而 SGLT2 抑制剂通过排糖、排钠引起血浆渗透性变化，选择性地利出间质内多余水分，不改变血容量。因此使用 SGLT2 抑制剂后可见血细胞比容增高，限制神经内分泌激活，保护心血管。

5. SGLT2 抑制剂调节心肌细胞纤维化　心肌纤维化被认为是心力衰竭发生发展的最终通路之一，表现为心肌间质中细胞外基质蛋白沉积，心肌重构。有学者利用人心肌纤维母细胞，发现恩格列净可抑制转化生长因子-β 诱导的纤维母细胞激活，抑制细胞外基质重构，发挥抗心肌纤维化作用。另外有研究指出恩格列净可抑制前纤维化关键标志物 I 型胶原蛋白、α-平滑肌肌动蛋白、连接组织生长 W 因子和基质金属蛋白酶 2 等的表达，从而发挥抗心肌纤维化的作用。提示 SGLT2 抑制剂可能调节心肌成纤维细胞表型和功能，发挥抗心力衰竭作用。

研究发现，存在动脉粥样硬化性心血管疾病（ASCVD）高危风险的 2 型 DM 患者（无论是否合并心力衰竭），SGLT2 抑制剂均能显著改善因心力衰竭住院率和心血管死亡风险；射血分数降低的慢性心力衰竭患者，使用 SGLT2 抑制剂能防止心力衰竭恶化和心血管死亡。2019 年，关于糖尿病和糖尿病前期与心血管疾病的最新指南中明确了如何选择 SGLT2 抑制剂：①恩格列净、卡格列净、达格列净、利拉鲁肽、索马鲁肽、杜拉糖肽可显著降低糖尿病合并ASCVD或合并ASCVD极高危/高危风险患者的心血管死亡（Ⅰ，A）；②恩格列净可降低糖尿病合并ASCVD患者死亡风险（Ⅰ，B）；③恩格列净、卡格列净、达格列净可显著降低糖尿病合并心力衰竭患者因心力衰竭住院风险（Ⅰ，A）。

　　基于现有的证据我们猜测在ASCVD患者中更早启用SGLT2抑制剂治疗能否带来更多心血管获益？DM前期患者使用SGLT2抑制剂能否延缓DM进展并预防ASCVD事件？射血分数保留的心力衰竭患者，该药物的获益是否与DAPA-HF研究结果一致？在中国和亚洲人群中广泛使用SGLT2抑制剂的安全性如何？期待更多来自真实世界的临床安全性评价证据。

四、SGLT2抑制剂在肿瘤治疗中的应用前景

　　SGLT2抑制剂或许可用于肿瘤的治疗。研究发现，SGLT2在依赖葡萄糖生长的肿瘤细胞中发挥作用。多种肿瘤细胞表达SGLT2，如转移性肺癌、胰腺癌、前列腺癌、大肠癌。Scafoglio等将人胰腺癌细胞和前列腺癌细胞种植于小鼠，并用SGLT2抑制剂干预，发现肿瘤细胞葡萄糖摄入减少，生长受阻和细胞坏死。Saito等发现达格列净可促进人大肠癌细胞系HCT116细胞发生凋亡，提示达格列净可能用于治疗大肠癌。SGLT2不仅可能作为肿瘤诊断和预后判断的生物标志物，还可能用于肿瘤治疗。

五、SGLT2抑制剂在器官移植中的应用前景

　　肾移植是目前治疗终末期肾病（ESRD）的重要手段。移植后糖尿病（PTDM）是指器官移植术后发现的DM，也是肾移植术后一种常见的并发症，严重影响肾移植受者的生活质量和生存率。据报道，肾移植后PTDM发生率在10%～40%，各地区间的差异可能与DM筛查方式、诊断标准、移植后诊断时间不同和肾移植后免疫抑制剂的使用相关。PTDM患者发生心血管事件的风险显著增加，与移植前患有DM的肾移植患者相似。早期识别/诊断、预防和治疗PTDM对于提高移植后的存活率至关重要。因此，重点关注肾移植术后PTDM的诊治新进展，有助于临床上早期识别肾移植后DM，并采取及时有效的诊疗措施。

　　肾移植术后PTDM的危险因素可以分为不可控的和可控的两类。其中，不可控的危险因素包括年龄、遗传背景和DM家族史。相比于不可控的危险因素，可控的危险因素更值得我们关注。首先在移植前就开始评估是否具有PTDM的患病风险，早期识别并及时采取相应的措施，能有效改善移植后患者的生存率和生活质量，降低医疗费用。可控因素包括代谢综合征、药物、低镁血症、丙型肝炎病毒和巨细胞病毒等感染。此外，多种肾脏疾病如间质性肾炎、常染色体显性多囊肾等均与PTDM风险增加有关。早期识别PDTM的风险因素，对于肾移植后糖尿病的早期诊断与防治，改善患者预后大有裨益。PTDM的血糖管理应该包括减轻胰岛素抵抗和改善胰岛B细胞功能。具体内容有：①生活方式干预，包括饮食调整、体育锻炼和控制体重。②降糖药物使用。胰岛素是肾移植后PTDM患者降糖的首选治疗方案，安全有效，但胰岛素治疗启动时机、治疗强度和持续时间仍有待明确。口服降糖药也可以用于PTDM的治疗，根据药物对肾功能的影响以及肾移植患者免疫抑制方案进行选择和调整。最新研究表明，推荐CKD1～3期的肾移

植患者使用SGLT2抑制剂作为口服降糖药物。

此外，钙调磷酸酶抑制剂（CNI）包括他克莫司和环孢素，是肾移植术后普遍应用的免疫抑制剂。研究证实CNI的使用与PTDM的发生呈剂量依赖性，与CNI的胰腺毒性有关，导致胰岛素抵抗和胰岛素分泌减少。研究报道，环孢素和他克莫司降低了人脂肪细胞表面葡萄糖转运蛋白4（GLUT4）的表达，从而独立于胰岛素信号抑制葡萄糖摄取。因此肾移植后如何减少他克莫司造成的高血糖和肾损害风险是临床医师特别关注的问题。目前已经有基础研究证实依帕列净在降糖的同时，对他克莫司诱导的胰腺及肾脏损伤具有保护作用。

（孙　林　贺理宇）

参 考 文 献

金永杰. 依帕列净对他克莫司诱导的胰腺及肾脏损伤的保护作用. 延边大学硕士学位论文，2018.

AlKindi F，Al-Omary HL，Hussain Q，et al. Outcomes of SGLT2 inhibitors use in diabetic renal transplant patients. Transplant Proc，2020，52（1）：175-178.

Baartscheer A，Schumacher CA，Wüst RC，et al. Empagliflozin decreases myocardial cytoplasmic Na（＋）through inhibition of the cardiac Na（＋）/H（＋）exchanger in rats and rabbits. Diabetologia，2017，60（3）：568-573.

Cherney DZ，Perkins BA，Soleymanlou N，et al. The effect of empagliflozin on arterial stiffness and heart rate variability in subjects with uncomplicated type 1 diabetes mellitus. Cardiovasc Diabetol，2014，13：28.

Cherney DZI，Cooper ME，Tikkanen I，et al. Pooled analysis of Phase Ⅲ trials indicate contrasting influences of renal function on blood pressure，body weight，and HbA1c reductions with empagliflozin. Kidney Int，2018，93（1）：231-244.

Davies MJ，Trujillo A，Vijapurkar U，et al. Effect of canagliflozin on serum uric acid in patients with type 2 diabetes mellitus. Diabetes Obes Metab，2015，17（4）：426-429.

Dekkers CCJ，Petrykiv S，Laverman GD，et al. Effects of the SGLT-2 inhibitor dapagliflozin on glomerular and tubular injury markers. Diabetes Obes Metab，2018，20（8）：1988-1993.

Fedak PW，Verma S，Weisel RD，et al. Cardiac remodeling and failure：from molecules to man（Part Ⅲ）. Cardiovasc Pathol，2005，14（3）：109-119.

Ferrannini E，Baldi S，Frascerra S，et al. Shift to fatty substrate utilization in response to sodium-Glucose cotransporter 2 inhibition in subjects without diabetes and patients with type 2 diabetes. Diabetes，2016，65（5）：1190-1195.

Gormsen LC，Svart M，Thomsen HH，et al. Ketone body infusion with 3-hydroxybutyrate reduces myocardial glucose uptake and increases blood flow in humans：a positron emission tomography study. J Am Heart Assoc，2017，6（3）：e005066.

Inzucchi SE，Zinman B，Fitchett D，et al. How does empagliflozin reduce cardiovascular mortality? insights from a mediation analysis of the EMPA-REG OUTCOME Trial. Diabetes Care，2018，41（2）：356-363.

Kang S，Verma S，Hassanabad AF，et al. Direct effects of empagliflozin on extracellular matrix remodelling in human cardiac myofibroblasts：novel translational clues to explain EMPA-REG OUTCOME results. Can J Cardiol，2020，36（4）：543-553.

Kosugi T, Nakayama T, Heinig M, et al. Effect of lowering uric acid on renal disease in the type 2 diabetic db/db mice. Am J Physiol Renal Physiol, 2009, 297（2）: F481-488.

Layton AT, Vallon V, Edwards A. Modeling oxygen consumption in the proximal tubule: effects of NHE and SGLT2 inhibition. Am J Physiol Renal Physiol, 2015, 308（12）: F1343-1357.

Lee TM, Chang NC, Lin SZ. Dapagliflozin, a selective SGLT2 inhibitor, attenuated cardiac fibrosis by regulating the macrophage polarization via STAT3 signaling in infarcted rat hearts. Free Radic Biol Med, 2017, 104: 298-310.

Liu M, Wang Q, Liu F, Cheng X, et al. UDP-glucuronosyltransferase 1A compromises intracellular accumulation and anti-cancer effect of tanshinone Ⅱ A in human colon cancer cells. PLoS One, 2013, 8（11）: e79172.

Mizuno Y, Harada E, Nakagawa H, et al. The diabetic heart utilizes ketone bodies as an energy source. Metabolism, 2017, 77: 65-72.

Neal B, Perkovic V, Mahaffey KW, et al. Canagliflozin and cardiovascular and renal events in type 2 diabetes. N Engl J Med, 2017, 377（7）: 644-657.

Ojima A, Matsui T, Nishino Y, et al. Empagliflozin, an inhibitor of sodium-glucose cotransporter 2 exerts anti-inflammatory and antifibrotic effects on experimental diabetic nephropathy partly by suppressing AGEs-receptor axis. Horm Metab Res, 2015, 47（9）: 686-692.

Peralta CA, Norris KC, Li S, et al. Blood pressure components and end-stage renal disease in persons with chronic kidney disease: the Kidney Early Evaluation Program（KEEP）. Arch Intern Med, 2012, 172（1）: 41-47.

Pereira MJ, Palming J, Rizell M, et al. Cyclosporine A and tacrolimus reduce the amount of GLUT4 at the cell surface in human adipocytes: increased endocytosis as a potential mechanism for the diabetogenic effects of immunosuppressive agents. J Clin Endocrinol Metab, 2014, 99（10）: E1885-1894.

Perkovic V, Jardine MJ, Neal B, et al. Canagliflozin and renal outcomes in type 2 diabetes and nephropathy. N Engl J Med, 2019, 380（24）: 2295-2306.

Petrykiv S, Sjöström CD, Greasley PJ, et al. Differential effects of dapagliflozin on cardiovascular risk factors at varying degrees of renal function. Clin J Am Soc Nephrol, 2017, 12（5）: 751-759.

Pollock C, Stefánsson B, Reyner D, et al. Albuminuria-lowering effect of dapagliflozin alone and in combination with saxagliptin and effect of dapagliflozin and saxagliptin on glycaemic control in patients with type 2 diabetes and chronic kidney disease（DELIGHT）: a randomised, double-blind, placebo-controlled trial. Lancet Diabetes Endocrinol, 2019; 7（6）: 429-441.

Saito T, Okada S, Yamada E, et al. Effect of dapagliflozin on colon cancer cell［Rapid Communication］. Endocr J, 2015, 62（12）: 1133-1137.

Salim HM, Fukuda D, Yagi S, et al. Glycemic control with ipragliflozin, a novel selective SGLT2 inhibitor, ameliorated endothelial dysfunction in streptozotocin-induced diabetic mouse. Front Cardiovasc Med, 2016, 3: 43.

Scafoglio C, Hirayama BA, Kepe V, et al. Functional expression of sodium-glucose transporters in cancer. Proc Natl Acad Sci USA, 2015, 112（30）: E4111-4119.

Shin SJ, Chung S, Kim SJ, et al. Effect of sodium-glucose co-transporter 2 inhibitor, dapagliflozin, on renal renin-angiotensin system in an animal model of type 2 diabetes. PLoS One, 2016, 11（11）: e0165703.

Szablewski L. Expression of glucose transporters in cancers. Biochim Biophys Acta, 2013, 1835（2）: 164-169.

Zinman B，Wanner C，Lachin JM，et al．Empagliflozin，cardiovascular outcomes，and mortality in type 2 diabetes．N Engl J Med，2015，373（22）：2117-2128．

Zoppini G，Targher G，Chonchol M，et al．Serum uric acid levels and incident chronic kidney disease in patients with type 2 diabetes and preserved kidney function．Diabetes Care，2012，35（1）：99-104．